Robert Bozsak

Paracetamol - Anilinderivat und Analgetikum

Eine ausführliche Charakterisierung der chemischen Eigenschaften, medizinischen Wirkungsweisen und praktischen Anwendung von Paracetamol

GRIN Verlag

Bibliografische Information der Deutschen Nationalbibliothek:

Die Deutsche Bibliothek verzeichnet diese Publikation in der Deutschen National-
bibliografie; detaillierte bibliografische Daten sind im Internet über http://dnb.d-
nb.de/ abrufbar.

Impressum:

Copyright © 2010 GRIN Verlag GmbH
Druck und Bindung: Books on Demand GmbH, Norderstedt Germany
ISBN: 978-3-640-80037-7

Dieses Buch bei GRIN:

http://www.grin.com/de/e-book/164749/paracetamol-anilinderivat-und-analgetikum

Sigmund-Schuckert-Gymnasium
Pommernstraße 10
90461 Nürnberg

Jahrgang 2009/2011

Facharbeit

Paracetamol
Anilinderivat und Analgetikum

Leistungskurs Chemie

Robert Bozsak

Betreut durch Herrn Gerd Neudeck

Kontakt mit dem Autor:
Robert Bozsak, Triererstraße 154, 90469 Nürnberg - E-Mail: r.bozsak@gmail.com

---

Satz: LaTeX2 geschrieben in TeXShop (2.36)
Strukturformeln: ACD Labs ChemSketch
Umschlagsgestaltung: Robert Bozsak

Printed in Germany

Inhaltsverzeichnis

1. Einleitung

> *„Man klagt so sehr bei jedem Schmerz und freut sich so selten,*
> *wenn man keinen hat."*
> Georg Christoph Lichtenberg (1742–1799)

Dieses Zitat von Georg Christoph Lichtenberg erinnert einmal wieder, wie selbstverständlich und bedeutend für uns ein Leben ohne Schmerzen ist. So ist auch die Geschichte der Betäubung von Schmerz, um sich diesen Wunsch erfüllen zu können, eine Alte. Mit der Verwendung des Schlafmohns (*Papaver somniferum*) ab der Jungsteinzeit (ca. 6000 v. Chr.) begann der zielgerichtete Einsatz dieser Nutzpflanze als kultisches und medizinisches Mittel. Die Entdeckung der vielseitigen Wirkungen dieser Pflanze, welche ursprünglich im östlichen Mittelmeerraum vorkommt, stellte der Heilkunst zum ersten Mal ein Mittel zur Verfügung, dass Schmerzen stillte und medizinische Eingriffe erleichterte. Das frühe Christentum jedoch verbot das schmerzstillende Mittel, da Krankheit eine Strafe Gottes sei. Opium, der aufbereitete getrocknete Milchsaft des Schlafmohns, fand nunmehr Einzug in China und der arabischen Welt.

Die Rinde des Weidenbaums, welche auch schon zusammen mit ihren Blättern im Ebers Papyrus des alten Ägyptens als heilend aufgeführt wurde, erlebte durch Reverend Edward Stone aus England 1763 ihre Wiederentdeckung in der Form eines Heiltees. Die aufgebrühte Rinde des Baumes enthält, wie durch Johannes A. Buchner 1828 bestimmt, den wirksamen Stoff *Salicin*, abgeleitet vom lateinischen Wort *Salix* für Weide. Salicin ist ein β-Glucosid, welches die selbe Wirkung besitzt wie die bekannte *Acetylsalicylsäure* (Aspirin®), da es im Körper zur *Salicylsäure* (2-Hydroxybenzoesäure) verstoffwechselt wird. Die künstliche Synthese der wirksamen Salicylsäure ab 1852 leitete die Massenproduktion des Wirkstoffes ein. Da die Einnahme des Medikaments mit schweren Nebenwirkungen wie Magengeschwüren verbunden war, stellte die Firma Bayer 1897 zum ersten Mal reine Acetylsalicylsäure her. Diese besitzt im Körper den selben Effekt wie die Salicylsäure, da es zu dieser umgewandelt wird, hat dabei jedoch geringere Nebenwirkungen bei der Einnahme.

Zu der Gruppe schmerzstillender und fiebersenkender Wirkstoffe reihten sich am Ende des 19. Jahrhunderts auch die Anilinderivate ein.

1.1. Die Geschichte des Paracetamols

Paracetamol (4-Acetaminophenol) wurde 1878 erstmals von Harmon Northrop Morse synthetisiert.[1] In den folgenden Jahren drang jedoch der therapeutische Nutzen des Wirkstoffs kaum zur Öffentlichkeit, da die verwandten Substanzen *Acetanilid* (N-Phenylacetamid) und *Phenacetin* (1-Acetamino-4-ethoxybenzol) im Vordergrund standen. Alle drei Stoffe können als Derivate von *Anilin* (Aminobenzol) dargestellt werden und weisen eine analgetische (schmerzstillende) und antipyretische (fiebersenkende) Wirkung auf. Im Jahre 1893 konnte erstmals

---

[1] MORSE, H. N.: *Über eine neue Darstellungsmethode der Acetylamidophenole.* Berichte der deutschen chemischen Gesellschaft, 11, Nr.1:S. 232–233, 1878.

Paracetamol im Urin eines Menschen nachgewiesen werden, der Phenacetin zu sich genommen hat.[2] 1899 erkannte man Paracetamol als Metaboliten des Acetanilids. Diese Erkenntnisse blieben jedoch weitgehend unbeachtet und nachdem sich Acetanilid (bekannt als *Antifebrin*) durch seine schweren Nebenwirkungen, wie Zyanosen durch Methämoglobinämie, als Medikament disqualifiziert hatte, blieben das bevorzugte Phenacetin und Paracetamol übrig. Der schlecht kontrollierte Ge- und Missbrauch von Phenacetin hatte teilweise schwerwiegende Nebenwirkungen. Die krebserregende und nierenschädigende Wirkung des Wirkstoffes führte zu bekannten Krankheitsbildern wie der *„Phenacetin-Niere"*, einer teilweise letalen Nierenschädigung. Dennoch waren bis ca. 1983 (Deutschland: 1986) Phenacetin-haltige Medikamente, wie z.B. *„APC"*-Präparate (Aspirin Phenacetin Caffeine – siehe Abbildung 1.1), auf dem US-Markt erhältlich, wurden jedoch dann wegen den Nebenwirkungen verboten.

Abbildung 1.1.: Aspirin Phenacetin Caffeine - Schmerz- und Fiebermittel der Firma Squibb, USA

Nach dem Zweiten Weltkrieg wurde Paracetamol 1948 erneut als Stoffwechselprodukt des Phenacetins erkannt. Bernard Brodie und Julius Axelrod zeigten in ihrer Arbeit am New York City Department of Health auf, dass die Wirkung des Phenacetins einzig und allein auf den Metaboliten Paracetamol zurückzuführen ist. Durch ihre Anregung, den Stoff in Reinform zu nutzen und das mit Nebenwirkungen behaftete Phenacetin zu überspringen, begann die Entwicklung von ersten Fertigarzneimittel mit Paracetamol. Mit der Arznei *Tylenol® Children's Elexir* der Firma McNeil Laboratories fand der Wirkstoff 1955 zum ersten Mal auf den US-Markt. Unter dem Markennamen *Panadol®* folgte 1956 in Großbritannien das erste europäisches Produkt. Drei Jahre später führte das Münchener Unternehmen bene-Arzneimittel mit *ben-u-ron®* das erste Paracetamol Monopräparat auf dem deutschen Markt ein.

Die Wirkweise des Stoffes war lange Zeit unbekannt und wurde erst Anfang der 1970er Jahre vom britischen Pharmakologen John Vane beschrieben. Paracetamol soll angeblich, ähnlich wie NSAR *(nichtsteroidale Antirheumatika)*, auf der Hemmung der Cyclooxygenasen (COX) beruhen (auf diesen Prozess wird in Kapitel 3.4.2 eingegangen). Für diese Entdeckung erhielt er, zusammen mit zwei anderen Forschern, 1982 den Nobelpreis für Medizin.

Heute ist Paracetamol nach der Acetylsalicylsäure das am zweithäufigsten verwendete Nicht-Opioidanalgetikum weltweit.[S. 234][3] Da das Patent auf Paracetamol weltweit abgelaufen ist, wird es als Generikum von bekannten Generikaherstellern, wie z.B. Ratiopharm in Deutschland, hergestellt und zu vergleichsweise niedrigen Preisen verkauft. Mit einem durchschnittlichen jährlichen Verbrauch von 50 Standarteinheiten (1 Standarteinheit $\hat{=}$ 1 Tablette) an Schmerzmitteln pro Kopf in Deutschland (2005) kann auch die wirtschaftliche Bedeutung dieses Indikationsbereiches erklärt werden. Schmerzmittel standen hierzulande 2005 mit 479 Millionen Euro (Endverbraucherpreise) an dritter Stelle der umsatzstärksten Indikationsbereiche zur Selbstmedikation.[4] Ein entsprechend großer Anteil dieser Summe ist paracetamolhaltigen Mono- und Mischpräparaten anzurechnen.

[2] WIKIPEDIA: http://de.wikipedia.org/wiki/Paracetamol, aufgerufen am 07. April 2010.

[3] AKTORIES, FÖRSTERMANN, ET AL.: *Allgemeine und spezielle Pharmakologie und Toxikologie.* 9. Auflage. Elsevier Urban & Fischer, München, Jena, 2005.

[4] DIENER, HANS-CHRISTOPH, SCHNEIDER ROLAND BERNHARD AICHER: http://www.pharmazeutische-zeitung.de/index.php?id=6673. Pro-Kopf-Verbrauch von Schmerzmitteln - Eine Erhebung in neun Ländern über 20 Jahre (1985 bis 2005), Pharmazeutische Zeitung, Eschborn, 37/2008.

2. Chemische Charakterisierung

2.1. Allgemeine Stoffeigenschaften

Die korrekte Bezeichnung für Paracetamol lautet nach IUPAC *N*-(4-Hydroxyphenyl)acetamid, wobei Paracetamol der internationale Freiname (INN: *International Nonproprietary Name*) für die chemische Verbindung ist. Der Name leitet sich von der chemischen Stoffbezeichnung **Para-(Acetylam**ino)phenol ab. Sie weist die Summenformel $C_8H_9NO_2$ auf und ist zugleich ein Phenol, wie auch ein acetyliertes Derivat des Anilins (siehe Abbildung 2.1).

Äußerlich ist Paracetamol eine weiße, geruchlose, kristalline Substanz, die monokline und orthorombische Modifikationen der Kristallstruktur besitzt. Diese haben eine Auswirkung auf die Verpressbarkeit des Stoffes, z.B. bei pharmazeutischen Anwendungen. Gemäß Hilfiker, 2006, S.385-404[5], besitzt die orthorombische Modifikation gegenüber der monoklinen Variante eine überlegene Verpressbarkeit. Weitere physikalische Eigenschaften von Paracetamols, nach GESTIS[6], sind in der Tabelle 2.1 zu finden.

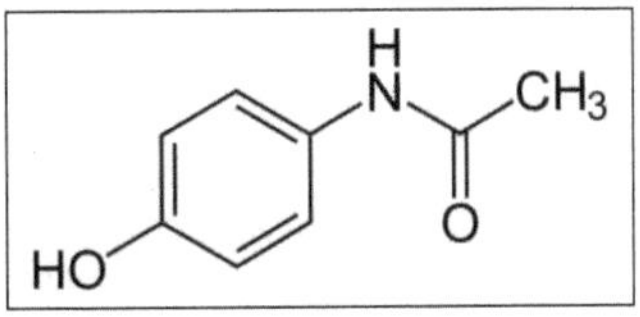

Abbildung 2.1.: Strukturformel von Paracetamol

Hervorzuheben sind dabei der pK_S-Wert von 9,38 und der pH-Wert einer gesättigten Lösung in Wasser bei 20°C von 5,5-6,5, da beide durch den phenolischen Charakter des Moleküls zu erklären sind. Durch Abspaltung des Wasserstoff-Atoms der OH-Gruppe am C4 des aromatischen Ringes, entsteht die korrespondierende Base, ähnlich einem Phenolat-Ion. Diese ist durch den +M-Effekt und die dadurch ausgeprägtere Mesomeriestabilisierung des Ions bevorzugt. Die saure Eigenschaft der OH-Gruppe bestimmt insgesamt den Säurecharakter von Paraceta-

Summenformel	$C_8H_9NO_2$
Molare Masse	$151{,}16 \ \frac{g}{mol}$
Dichte	$1{,}29 \ \frac{g}{cm^3}$ (21°C)
Schmelzpunkt	169–171°C
Siedepunkt	> 500°C
pK_S	9,38
pH-Wert	5,5-6,5 in gesättigter Lösung (20°C)
Löslichkeit	Wasser: $14\frac{g}{l}$ (20°C) löslich in Ethanol und Aceton

Tabelle 2.1.: Wichtige Stoffeigenschaften gemäß GESTIS

mol nach außen, da diese weit bedeutender ist, als die, durch den Acetylrest und +M-Effekt, abgeschwächte Basizität des Aminrests. Der relativ hohe Schmelz- und Siedepunkt lässt sich

[5] HILFIKER, ROLF: *Polymorphism in the pharmaceutical industry.* 1. Auflage. Wiley-VCH-Verlag, Weinheim, 2006.

[6] GESTIS-DATENBANK, DES IFA: `http://biade.itrust.de/biade/lpext.dll?f=id&id=biadb:r:024840&t=main-h.htm`, aufgerufen am 13. August 2010.

durch die Kristallstruktur von Paracetamol im trockenen Zustand erklären, da zur Änderung des Aggregatzustandes zuerst die Gitterenthalpie, dann die Verdampfungsenthalpie aufgebracht werden muss. Die hohe Verdampfungsenthalpie erklärt sich hauptsächlich durch Wasserstoffbrückenbindungen des Sauerstoffatoms der phenolischen OH-Gruppe mit dem Amin-Wasserstoffatom. Die verminderte Löslichkeit in Wasser entsteht durch die schlechte Löslichkeit des Benzolrings, die durch die Reste des Aromaten nur wenig verbessert wird.

2.1.1. Laborversuch 1: pH-Wertbestimmung von zwei Paracetamolproben

Zur pH-Wertbestimmung wurde auch ein praktischer Laborversuch durchgeführt, bei dem ein käufliches Paracetamol-Monopräparat und selbst synthetisiertes Paracetamol (aus Kapitel 2.2.1) miteinander verglichen wurden. Das Laborprotokoll ist, zusammen mit der Auswertung, im Anhang A.1 zu finden.

2.2. Synthese

Bei der Synthese von Paracetamol lassen sich folgende klassische und industrielle Herstellungsmethoden unterscheiden:

- Klassische Herstellung von Paracetamol:

    N-Acetylierung von p-Aminophenol Dieser Syntheseweg ist der klassische Weg Paracetamol, vor allem im Labor, herzustellen und bedient sich dem p-Aminophenol als Ausgangsstoff.

- Industrielle Herstellung von Paracetamol:

    Hoechst-Celanese Prozess Bei diesem Verfahren wird, ausgehend vom Phenol, das Paracetamol in einem dreistufigen Prozess gewonnen.

    Reduzierende Acetamidierung von p-Nitrophenol mittels Thioessigsäure Eine neuere Methode, Nitrophenolverbindungen durch spezielle Katalysatoren zum aromatischen Acetamid, wie z.B. dem Paracetamol, umzusetzen. Eine US-amerikanische Forschergruppe veröffentlichte 2006 dieses Verfahren.[7]

Im Folgenden soll der klassische Syntheseweg und der Hoechst-Celanese Prozess erläutert werden.

2.2.1. N-Acetylierung von p-Aminophenol

Die klassische Synthese von Paracetamol geht von den Edukten *p-Aminophenol* ($C_6H_4NH_2OH$ und *Acetanhydrid* (Essigsäureanhydrid, $C_4H_6O_3$) aus. Bei der Reaktion ensteht *4-(Acetylamino)phenol* (Paracetamol, $C_8H_9NO_2$) und *Essigsäure* (Ethansäure, CH_3COOH). Es lässt sich folgende Reaktionsgleichung formulieren:

$$C_6H_4NH_2OH + C_4H_6O_3 \longrightarrow C_8H_9NO_2 + H_3C{-}COOH$$

Der Acetylrest des Acetanhydrids wird auf das Stickstoffatom des p-Aminophenols übertragen. Es findet also eine N-Acetylierung von p-Aminophenol statt. Der Reaktionsmechanismus (siehe

---

[7]   BHATTACHARYA, ET AL.: *Eco-friendly reductive acetamidation of arylnitro compounds by thioacetate anion through in situ catalytic regeneration: application in the synthesis of Acetaminophen.* Tetrahedron Letters, 47(19):S.3221–3223, Elsevier, Amsterdam, 8. Mai 2006.

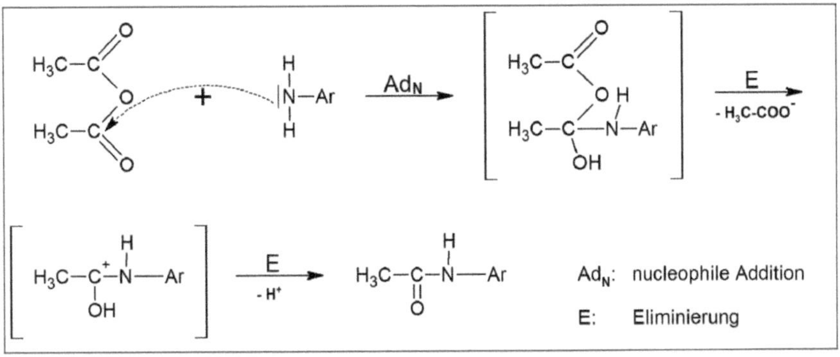

Abbildung 2.2.: N-Acetylierung von p-Aminophenol

Abbildung 2.2) ist in zwei Schritte geteilt und verläuft nach dem Additions-Eliminierungsmechanismus. Zuerst erfolgt eine nucleophile Addition durch die NH_2-Gruppe an die C=O-Doppelbindung der Carboxylgruppe, dann die Eliminierung von Essigsäure unter Wiederherstellung der Carbonylgruppe. Die nucleophile Addition verläuft vorzugsweise mit der NH_2-Gruppe ab und nicht mit der OH-Gruppe, da diese eine schwächere nucleophile Gruppe darstellt. Dennoch entsteht bei der Synthese auch N,O-diacetyliertes Nebenprodukt. Die Esterbindung dieses Nebenproduktes an der ehemaligen OH-Gruppe hydrolisiert jedoch im wässerigen oder leicht alkalischen Milieu und es kommt zur Bildung von Paracetamol und Essigsäure.

2.2.2. Laborversuch 2: Klassische Synthese von Paracetamol

Gemäß dem Syntheseweg aus Kapitel 2.2.1, wurde ein praktischer Laborversuch zur Synthese von Paracetamol nach dem klassischen Verfahren durchgeführt. Der Versuch orientierte sich an einem Praktikum der TU Dresden, der eine Versuchsanleitung zur Synthese enthielt. [S.158-161][8] Das Laborprotokoll und Bilder zum Versuch sind im Anhang A.2 einzusehen. Hierbei ist jedoch zu beachten, dass der erhaltene Filterkuchen nach der Versuchsdurchführung noch mehrmaliger Reinigung bedurfte, um ein ansatzweise reines Endprodukt an Paracetamol zu erhalten.

2.2.3. Hoechst-Celanese Prozess

Dieser Prozess ist zur Herstellung von Paracetamol im industriellen Größenmaßstab gedacht. Sein Name leitet sich von der Firma Hoechst-Celanese ab, die seit dem Zusammenschluss der US-Firma Celanese mit Hoechst im Jahre 1987 unter diesem Namen international operiert. Die Synthese geht vom Phenol aus und beinhaltet drei Schritte.[2], [S.93][9]

Im ersten Schritt (siehe Abbildung 2.3) wird die OH-Gruppe des Phenols durch Acetanhydrid acetyliert und eine Fries-Umlagerung mit Flusssäure durchgeführt. Die Acetylierung besteht aus einem nucleophilen Angriff des phenolischen Sauerstoffatoms an einem der beiden

[8] Technische Universität Dresden Fachrichtung Chemie und Lebensmittelchemie, http://www.chm.tu-dresden.de/oc/med/WS06_07/v11.pdf: *Praktikum Chemie für Medizin / Praktikum Organische Chemie für Biologie, Molekulare Biotechnologie und Pädagogik - WS 06/07*, 03.01.07, aufgerufen am 07. April 2010.

[2] Wikipedia: http://de.wikipedia.org/wiki/Paracetamol, aufgerufen am 07. April 2010.

[9] Buschmann, et al.: *Analgesics: From Chemistry and Pharmacology to Clinical Application*. 1. Auflage, korrigierter Nachdruck 2003. Wiley-VCH, Weinheim, 2002.

Carbonyl-Kohlenstoffatome. Nach der Addition spaltet sich Essigsäure ab und stabilisiert den entstandene Phenylester. Dann wird in einer Fries-Umlagerung der Phenylester mit Flusssäure umgesetzt. Der wasserfreie Fluorwasserstoff liegt durch Autoprotolyse wie folgt vor:

$$3\,HF \rightleftharpoons H_2F^+ + HF_2^-$$

Das H_2F^+-Kation protoniert den Carbonylsauerstoff und entweicht als Fluorwasserstoff aus dem Reaktionsschritt. Daraufhin spaltet sich vom protonierten Zwischenprodukt ein Acylium-Kation ($O=C^+-CH_3$) ab, wobei noch ein Phenolat-Anion verbleibt. Das Acylium-Kation reagiert in einer elektrophilen Substitution vorzugsweise in *ortho*- und *para*-Stellung (mesomeriestabilisiert) mit dem aromatischen Ring. Letztere Stellung wird bei niedrigen Temperaturen bevorzugt[10] und ist das gewünschte Produkt dieser Reaktion. Wegen der hohen Toxizität der Flusssäure wurden alternative Ersatzstoffe, wie Zeolith-Katalysatoren und Methansulfonsäure, für die Fries-Umlagerung erforscht.[11]

Im zweiten Reaktionsschritt wird das synthetisierte p-Hydroxyacetophenon mit Hydroxylamin umgesetzt. Der Reaktion wird jedoch nicht direkt Hydroxylamin zugegeben, sondern das stabilere Salz Hydroxylammoniumsulfat, welches auch zum Hydroxylamin zersetzen kann. Das Hydroxylamin, genauer das Stickstoffatom, greift das Carbonyl-Kohlenstoffatom nucleophil an. Nach intramolekularer Protonenwanderung spaltet sich ein Wassermolekül ab und es entsteht das Endprodukt dieses Schrittes, p-Hydroxyacetophenonoxim. Bei der nucleophilen Addition wurde die Ketogruppe zum Ketooxim umgesetzt. Eine gleiche Versuchsvorschrift zu diesem und zum letzten Reaktionsschritt (Beckmann-Umlagerung) ohne phenolischer OH-Gruppe ist bei Gattermann, 1982, S. 348[12], zu finden.

Der letzte Reaktionsschritt besteht aus einer Beckmann-Umlagerung des Oxims in Anwesenheit von Thionylchlorid als Katalysator und Essigsäureethylester als Lösungsmittel. Dazu lagert sich, gemäß Laue, 2006, S.38[13],[14], zuerst die starke Lewis-Säure $SOCl_2$ an das Sauerstoffatom der OH-Gruppe des Oxims an; dabei wird Salzsäure (HCl) frei. Im nächsten Schritt spaltet sich der entstandene Ether als Schwefeldioxid (SO_2) und Chlorid-Anion (Cl^-) ab und der, zum abgespaltenen Rest E(*anti*)-ständige Substituent, also der Phenylrest, wandert zum Stickstoffatom. Die früheren Bindungselektronen des Phenols zum Kohlenstoffatom klappen dabei in die C=N-Bindung. Es bildet sich eine mesomeriestabilisierte Verbindung, bei der die positive Ladung zwischen dem Kohlenstoff- und Stickstoffatom wechselt (R_{Ar}: Aryl-Rest):

$$[CH_3-C^+=N-R_{Ar} \longleftrightarrow CH_3-C\equiv N^+-R_{Ar}]$$

Am positiv geladenen Kohlenstoffatom lagert sich nucleophil ein Wassermolekül an, wobei unter Abspaltung eines Protons eine OH-Gruppe entsteht. Das entstandene Endprodukt, 4-Acetaminophenol oder Paracetamol, weist Keto-Enol-Tautomerie auf und wegen der Winkelung der Oximgruppe am Stickstoffatom, auch E/Z-Isomere des Methyl- und Aminophenolsubstituentens. Der zweite, in Abbildung 2.3, gezeigte Zwischenchritt mit Kaliumiodid bei 50°C, lässt sich, wegen fehlender Quellen, wahrscheinlich auf die katalytische Fähigkeit des Iods, aromatische Amine zu kondensieren[15], zurückführen.

[10] WIKIPEDIA: http://de.wikipedia.org/wiki/Fries-Umlagerung, aufgerufen am 13. November 2010.

[11] COMMARIEU, ET AL.: *Fries rearrangement in methane sulfonic acid, an environmental friendly acid.* Journal of Molecular Catalysis, Volume 182-183, S.137-141, Elsevier, Amsterdam, 2002.

[12] GATTERMANN, WIELAND, ET AL.: *Die Praxis des organischen Chemikers.* 43. Auflage. Walter de Gruyter, Berlin, New York, 1982.

[13] LAUE, THOMAS ANDREAS PLAGENS: *Namen- und Schlagwort-Reaktionen der Organischen Chemie.* 9. Auflage. Vieweg+Teubner, Wiesbaden, 2006.

[14] WIKIPEDIA: http://de.wikipedia.org/wiki/Beckmann-Umlagerung, aufgerufen am 13. November 2010.

[15] WIKIPEDIA: http://de.wikipedia.org/wiki/Iod, aufgerufen am 13. November 2010.

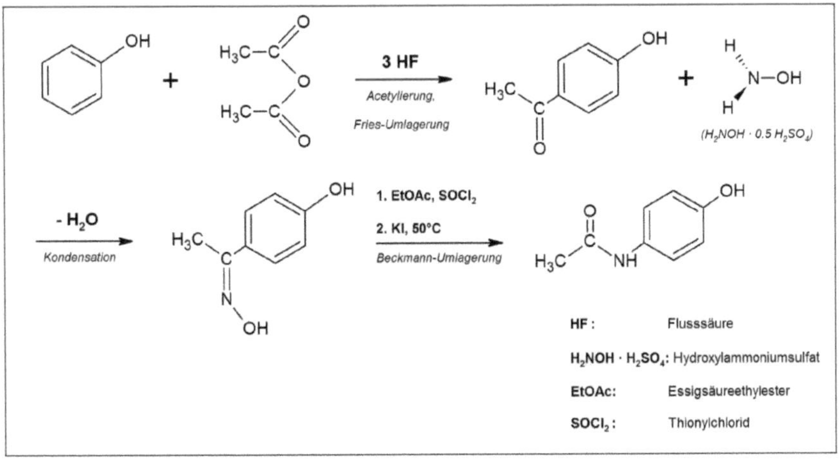

Abbildung 2.3.: Hoechst-Celanese Prozess zur Synthese von Paracetamol

2.3. Analytik

Für Paracetamol stehen eine große Anzahl an quantiativen und qualitativen Messmethoden zur Verfügung. Tabelle 2.2 listet die wichtigsten analytischen Verfahren gemäß Europäischem Arzneibuch [S. 2184 f.][16], Wikipedia [2] und dem Lehrbuch der pharmazeutischen Chemie [S.365][17] auf.

Zwei Methoden zur qualitativen Bestimmung von Paracetamol seien jedoch besonders erwähnt. Die *farbige Komplexbildung* von Paracetamol mit Eisen(III)-chlorid und die *Synthese eines Azofarbstoffes* mittels Saltzmanns-Reagenz wurden beide praktisch im Laborversuch 3 nachvollzogen.

2.3.1. Laborversuch 3: Nachweisreaktionen für Paracetamol

Laborversuch 3 besteht aus zwei getrennten Versuchen. Im ersten Versuch wurde *Paracetamol* (4-Acetaminophenol) durch *Eisen(III)-chlorid* zu einem tiefblauen Komplex komplexiert. Im zweiten Versuch wurde das durch saure Hydrolyse von Paracetamol gewonnene *4-Aminophenol* mit *N-(1-Naphtyl)-ethylendiamin* zu einem Azofarbstoff mittels Saltzmanns-Reagenz gekoppelt.

Beide Versuche sind, zusammen mit Protokoll, Bildern und einer Auswertung, im Anhang unter A.3 zu finden.

[16] EUROPARAT, (COUNCIL OF EUROPE): *Europäisches Arzneibuch (European Pharmacopoeia) 5.0.* Monografien K-Z: Band 3. European Directorate for the Quality of Medicines (EDQM), Straßburg, 2005.

[17] AUTERHOFF, KNABE, HÖLTJE: *Lehrbuch der Pharmazeutischen Chemie.* 14. Auflage. Wissenschaftliche Verlagsgesellschaft mbH, Stuttgart, 1999.

Qualitative Verfahren	Quantitative Verfahren
• Oxidation des durch saure Hydrolyse von Paracetamol entstandenen 4-Aminophenols mit Kaliumdichromat ($K_2Cr_2O_7$) führt zur Bildung von violetten Oxidationsprodukten (Struktur nicht bekannt). • Eine Lösung von Paracetamol bildet unter Komplexierung mit Eisen(III)-chlorid ($FeCl_3$) einen tiefblauen Komplex. (siehe A.3) • Mittels Saltzmann-Reagenz kann mit 4-Aminophenol aus der sauren Hydrolyse von Paracetamol ein Azofarbstoff synthetisiert werden. (siehe A.3) • Mit dem Hydrolyseprodukt 4-Aminophenol lässt sich mittels Formaldehyd eine positive Marquis-Reaktion durchführen.	• Nach hydrolytischer Spaltung des Paracetamols zu 4-Aminophenol lässt sich eine oxidimetrische Titration mit Hilfe der Cerimetrie durchführen. Dazu wird das 4-Aminophenol unter Anwesenheit des Redoxindikators Ferroin durch Cer(IV)-sulfat ($CeSO_4$) zu p-Chinonimin oxidiert. • Methoden der Chromatographie, wie der Gas- oder Hochleistungsflüssigkeitschromatographie (HLPC). Besonders geeignet zur Reinheitsbestimmung der Probe. • Colormetrische Assays oder Immunassays, v.a. zur Bestimmung von Paracetamol im Blutplasma/-serum. • Azokupplungen von Paracetamol oder 4-Aminophenol lassen sich zur photometrischen Bestimmung heranziehen.

Tabelle 2.2.: Wichtige analytische Methoden bei der Arbeit mit Paracetamol

3. Paracetamol als Wirkstoff

3.1. Einteilung von Paracetamol im Kontext anderer Analgetika

Grundsätzlich werden Analgetika in opioidartige Analgetika (*Opioidanalgetika* - natürliche wie synthetische) und nicht-opioidartige Analgetika (*Nicht-Opioidanalgetika*) unterschieden.[S. 234][3] Die Klasse der Nicht-Opioidanalgetika, zu denen auch das Paracetamol (Acetaminophen) gehört, interagieren nicht mit körpereigenen Opioidrezeptoren. Sie lassen sich weiter unterteilen in *saure antipyretisch-antiphlogistische Analgetika* (z.B. *Acetylsalicylsäure* - Aspirin®, *Ibuprofen* und *Diclofenac* - Voltaren®) , *nicht-saure antipyretische Analgetika* (z.B. *Paracetamol, Metamizol, Phenazon* und *Propyphenazon*) und *Analgetika ohne antipyretisch-antiphlogistische Wirkung* (z.B. *Flupirtin* und *Nefopam*). Die zweite Gruppe der nicht-sauren antipyretischen Analgetika hat im Paracetamol, einem Anilinderivat (siehe auch 1.1), seinen bedeutendsten Vertreter.

3.2. Allgemeine Informationen

3.2.1. Anwendungsgebiete und Gegenanzeigen

Paracetamol ist als Mono- sowie Kombinationspräparat (z.B. in Verbindung mit Hustenlösern und Vitamin C als Teil von „Grippemitteln") auf dem deutschen Markt erhältlich. Als Fertigarzneimittel ist es zugelassen zur symptomatischen Behandlung von leichten bis mäßig starken Schmerzen (z.B. Kopfschmerzen) und/oder Fieber.[18]

Von einer Behandlung sollte jedoch Abstand genommen werden, wenn eine Überempfindlichkeit gegen den Wirkstoff oder eine schwere Beeinträchtigung der Leberfunktion (Leberversagen mit einem Child-Pugh-Score von >9) vorliegt. Besondere Vorsicht bei der Anwendung gilt Patienten mit chronischem Alkoholmissbrauch, schwerer Niereninsuffizienz und Gilbert-Syndrom.

3.2.2. Art der Anwendung und Dosierung

Der Wirkstoff kann oral, rektal und intravenös verabreicht werden, wobei die Einzeldosis und maximale Tagesdosis an das Körpergewicht des Patienten angepasst wird. Für Kleinkinder sind 250 mg als Einzeldosis und 1000 mg als maximale Tagesdosis empfohlen, für Erwachsene 500 - 1000 mg und 4000 mg. Eine Überdosierung tritt ca. ab einer Einzeldosis von 6 g bei Erwachsenen bzw. >140 mg/kg bei Kindern ein und führt zu Leberzellnekrosen, später auch hepatozellulärer Insuffizienz (siehe Kapitel 3.3.2).

---

[3] AKTORIES, FÖRSTERMANN, ET AL.: *Allgemeine und spezielle Pharmakologie und Toxikologie.* 9. Auflage. Elsevier Urban & Fischer, München, Jena, 2005.

[18] BUNDESINSTITUT FÜR ARZNEIMITTEL UND MEDIZINPRODUKTE (BFARM): http://sunset-clause.dimdi.de/muster/0BFM3A1C51B501C8CA23.rtf, Mustertext für paracetmaolhaltige Präparate, Stand: 10.06.2008, aufgerufen am 10. Dezember 2010.

3.2.3. Wechsel- und Nebenwirkungen

Allgemein ändern Medikamente, die in Wechselwirkung mit Paracetamol stehen, wie *Probenecid* (Hemmung der Glucuronidierung) oder Alkohol als Induktor des Cytochrom-P450-Enzymsystems mit verstärkter Bildung von leberschädlichen Metaboliten des Paracetamols, die Entfaltung der normalen Wirkweise.[2] Auch verändern Medikamente, die die Magen-Darm-Tätigkeit beeinflussen, die Absorption von Paracetamol. Weitere Wechselwirkungen sind in der Packungsbeilage des Arzneimittels ersichtlich.

In seltenen Fällen (1:1000 - 1:10000) ist als Nebenwirkung ein Anstieg der Lebertransaminasen zu beobachten, in sehr seltenen Fällen (< 1:10000) eine Veränderung des Blutbildes, Bronchospasmus (bei prädisponierten Personen) und Überempfindlichkeitsreaktionen. Ansonsten ist die Gabe von Paracetamol empfehlenswert, da keine signifikanten Nebenwirkungen (bei sachgemäßer Anwendung) zu befürchten sind. So ist für Schwangere, stillende Mütter, Säuglinge/Kinder, Ulcus/Reflux-Patienten, Nierenkranke (Diabetes) sowie alte und sehr alte Menschen Paracetamol wegen seiner guten Verträglichkeit nach wie vor das Schmerzmittel der Wahl. S. 240[3],[19]

3.3. Pharmakokinetik

Die Pharmakokinetik berücksichtigt alle Prozesse im Körper denen ein Wirkstoff unterliegt. Dazu gehören die Freisetzung des Wirkstoffes (*Liberation*), die Aufnahme in die Blutbahn (*Absorption*), die Verteilung im Organismus (*Distribution*), die Verstoffwechselung (*Metabolismus*) und die Ausscheidung (*Exkretion*).

Alle Angaben zur Pharmakokinetik sind dem Bundesinstitut für Arzneimittel und Medizinprodukte[18], Aktories, Förstermann et al.S.240 f.[3] und Wikipedia[2] nachempfunden.

3.3.1. Liberation, Absorption und Distribution

Nach oraler bzw. rektaler Gabe wird Paracetamol mit einer oralen Bioverfügbarkeit von 65-90 % bzw. rektalen Bioverfügbarkeit von 68-88 % rasch resorbiert. Nach Aufnahme des Wirkstoffes durch die Schleimhaut in die Blutbahn wird die maximale Plasmakonzentration, gemäß Aktories et. al, 2005, S.236 nach einer Stunde bzw. gemäß dem BfArM, 2008, nach 3-4 Stunden erreicht. Dabei passiert Paracetamol auch die Blut-Hirn-Schranke und die Plazenta, sodass der Wirkstoff im ganzen Körper verfügbar ist. Die Plasmaproteinbindung liegt bei 5-50 % und die Plasmahalbwertszeit bei zwei Stunden. Bei Anwendung von Paracetamol bei Säuglingen ist auf Grund eines noch nicht voll entwickelten Stoffwechselsystems jedoch eine stark erhöhte Plasmahalbwertszeit (11.0 ± 5.7 Stunden bei 11 Kindern - Alter 28-32 Wochen) und, im Vergleich zu ca. einen Monat älteren Säuglingen, erhöhte Peak-Werte für die Plasmakonzentration des Wirkstoffes zu beachten.[20] Deswegen sollte man Kindern im Alter von 28-32 Wochen (oder jünger) multiple Dosen Paracetamol mindestens mit einem Zeitabstand von 8 Stunden verabreichen, damit es zu keiner stufenweisen Zunahme der Wirkstoffkonzentration im Blutserum kommt.

[2] WIKIPEDIA: http://de.wikipedia.org/wiki/Paracetamol, aufgerufen am 07. April 2010.

[19] KOJDA, PROF. DR. GEORG: *Neues zu Paracetamol. Regularien, wissenschaftliche Erkenntnisse und therapeutischer Stellenwert.* Fortbildungstelegramm Pharmazie, 2. Jahrgang:S.175 – 190, Oktober 2008.

[20] VAN LINGEN, ET AL.: *Pharmacokinetics and metabolism of rectally administered paracetamol in preterm neonates.* Arch Dis Child Fetal Neonatal, 80:F59–F63, BMJ Group, London, 1999.

3.3.2. Metabolismus

Paracetamol wird hauptsächlich in der Leber metabolisiert. Abbildung 3.1 fasst alle wichtigen Stoffwechselwege zusammen. Bei diesen Stoffwechselreaktionen handelt es sich um Biotransformationen, d.h. nicht ausscheidbare Stoffe werden durch chemische Prozesse in ausscheidbare Stoffe transformiert. Alle drei Wege der Verstoffwechslung gehören letztendlich zur Gruppe der *Phase-II-Reaktionen* (Konjugationsreaktionen).[S.46 ff.][17] Paracetamol wird im Rahmen dieser Reaktionen durch körpereigene Substanzen (*Transferasen*) mit stark wasserlöslichen Stoffen verbunden, die wiederum hauptsächlich renal eliminiert werden. Angriffspunkt für Konjugationen bietet die Hydroxygruppe am aromatischen Ring des Moleküls.

Der erste Reaktionsweg ist die Konjugation von Paracetamol mit Glucuronsäure ($C_5H_9O_5COOH$). Der Prozess der *Glucuronidierung* hat UDP-Glucuronat als Edukt, welches vom Körper, ausgehend von der UDP-Glucose (durch Uridintriphosphat aktivierte Glucose), mittels dem Enzym UDP-Glucose-6-Dehydrogenase hergestellt wird. Glucuronyltransferasen übertragen den Glucuronsäurerest aus dem UDP-Glucuronat auf die Hydroxygruppe des Paracetamols. Als Produkt entsteht ein Glucuronid mit Glycosidcharakter, d.h. die Glucuronsäure und das Paracetamol sind in einem Vollacetal glykosidisch verknüpft.

Der zweite Reaktionsweg konjugiert den Wirkstoff mit „aktivierter Schwefelsäure"; es erfolgt eine *Sulfatierung* der phenolischen OH-Gruppe. Schwefelsäure, die z.B. beim Abbau von Cystein entsteht, wird durch Reaktion mit ATP aktiviert und wandelt sich unter Abspaltung von Phosphat zu 3'-Phospho-adenosin-5'-phosphosulfat (PAPS). Durch Katalyse von Sulfotransferasen wird der Sulfatrest des PAPS auf die phenolische Hydroxygruppe übertragen.

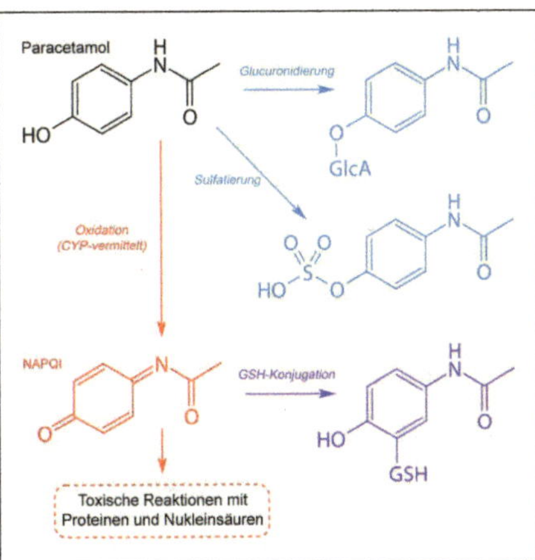

Abbildung 3.1.: Metabolismus von Paracetamol - *GlcA*: Glucuronsäure, *CYP*: Cytochrom-P-450, *NAPQI*: N-Acetyl-p-benzochinonimin, *GSH*: Glutathion

Ein geringer Teil der Metabolisierung erfolgt über das *Cytochrom-P-450 Enzymsystem* (CYP), welches sich, wie die Glucuronyltransferasen aus dem ersten Reaktionsweg, im endolplasmatischen Retikulum (ER) der Zelle befindet. Cytochrome-P-450 sind Hämproteine mit enzymatischer Aktivität, die je nach Anwesenheit ihres Substrats und/oder Induktoren stärker exprimiert werden. Sie sind beteiligt an der Oxidation vieler körpereigenen und körperfremden Stoffe. Beim Abbau von Paracetamol ist vor allem CYP2E1, ferner auch CYP1A2 und CYP3A4 beteiligt. Sie oxidieren (Dehydrierung) den Wirkstoff zum toxischen Metaboliten N-Acetyl-p-benzochinonimin (NAPQI). Es kommt zu einer *Konjugation* des Tripeptids *Glutathion* (Gly-Cys-Glu, *kurz:* GSH) mit dem reaktiven Molekül NAPQI, das wegen seinem Elektronendefizit elektrophilen Charakter hat. Mit diesem Schritt wird das reaktive NAPQI sofort abgefangen. Die Konjugation wird von der Glutathion-S-Transferase katalysiert. Dabei ist der erste Schritt

[17] AUTERHOFF, KNABE, HÖLTJE: *Lehrbuch der Pharmazeutischen Chemie*. 14. Auflage. Wissenschaftliche Verlagsgesellschaft mbH, Stuttgart, 1999.

eine nucleophile Addition des Schwefelatoms (aus dem Cystein) am aromatischen Ring. Unter hydrolytischer Abspaltung des Glycl- und Glutamylrestes entseht ein Cystein-Konjugat, dessen Aminostickstoff des verbleibenden Cystein-Restes durch Acetyl-Coenzym A (Acetyl-CoA) acetyliert wird. Das Produkt der GSH-Konjugation und der anschließenden Acetylierung ist ein Acetylcysteinderivat (siehe Abbildung 3.2).

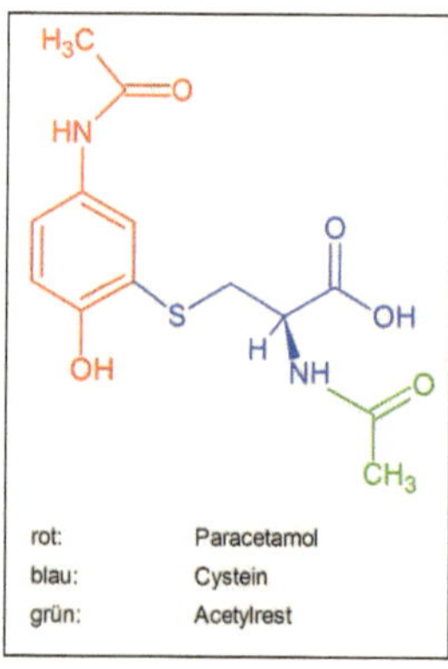

Abbildung 3.2.:
Acetylcysteinderivat des
Paracetamols

Die Möglichkeit das toxische NAPQI zu binden ist jedoch nur so lange gegeben, wie genügend Glutathion in der Leber vorhanden ist. Da dieses nur in begrenzten Mengen vorhanden ist und nicht in ausreichender Menge zeitnah neu gebildet werden kann, kommt es bei einer Überdosierung Paracetamol zur Erschöpfung der Glutathion-Reserven. Konkret reagiert die erhöhte Menge an NAPQI bei einer Paracetamol-Intoxikation mit nucleophilen Struktur- und Funktionsproteinen der Leber, was zu Leberzellnekrosen und klinischem Leberversagen führen kann.

Zusätzlich ist zu beachten, dass ein chronischer Alkoholkonsum und bestimmte Medikamente induzierend auf das Cytochrom-P-450 Enzymsystem wirken und somit die toxische Dosis an Paracetamol herabsetzen.

Die Risiken einer Überdosierung sind schwerwiegend, denn schon ab einer oralen Dosis von mehr als 6 g Paracetamol kann die daraus folgende Leberschädigung tödlich verlaufen. Sollte eine Intoxikation vorliegen, ist *N-Acetylcystein* (ACC, auch bekannt als Hustenlöser) das Antidot der Wahl, da es über seine SH-Gruppe, gemäß der GSH-Konjugation, am toxischen NAPQI Molekül bindet. Die Therapie sollte spätestens 10 Stunden nach der Vergiftung begonnen werden; später wird ein Behandlungserfolg ohne eine eventuelle Lebertransplantation immer unwahrscheinlicher.

3.3.3. Excretion

Die Ausscheidung der Stoffwechselprodukte erfolgt vorwiegend über den Urin. 90 % der aufgenommenen Menge wird innerhalb von 24 Stunden vorwiegend als Glucuronide (60-80 %) und Sulfatkonjugate (20-30 %) über die Nieren ausgeschieden. Weniger als 5 % werden unverändert ausgeschieden. Bei Säuglingen wurde festgestellt, dass der Hauptbestandteil der ausgeschiedenen Konjugate vor allem durch Sulfatierung metabolisiert wurde (85-90 %).[20]

3.4. Pharmakodynamik

In diesem ausführlichen Kapitel soll die Wirkungsweise von Paracetamol im Organismus dargelegt werden. Paracetamol gehört zur Wirkstoffklasse der *nicht sauren, antipyretischen Analgetika*[S.240][3], besitzt also schmerzstillende und fiebersenkende Eigenschaften. Um verstehen zu können, wie der Schmerz in unserem Körper durch den Wirkstoff gehemmt wird, ist jedoch auch ein grundlegendes Verständnis der schmerzauslösenden Mechanismen nötig (gleiches gilt für die Entstehung von Fieber).

3.4.1. Entstehung von Schmerz

Schmerz, also „ein unangenehmes Sinnes- oder Gefühlserlebnis, das mit tatsächlicher oder potenzieller Gewebeschädigung einhergeht oder von betroffenen Personen so beschrieben wird, als wäre eine solche Gewebeschädigung die Ursache"(gemäß einer Definition der *International Association for the Study of Pain*, siehe Wikipedia[21]) kann von Menschen, je nach Entstehungsort, als Nervenschmerz (z.B. durch gequetschte Nerven), zentraler Schmerz (ausgehend vom ZNS oder Rückenmark), psychosomatischer Schmerz oder Nozizeptorenschmerz (durch Schmerzrezeptoren) wahrgenommen werden. Schmerzrezeptoren sind freie Nervenendigungen, die auf thermische, mechanische und chemische Reize reagieren und nach ihrer Weiterleitungsgeschwindigkeit in schnelle Aδ-Fasern und langsame C-Fasern eingeteilt werden.

Der Nozizeptorenschmerz entsteht dabei grob wie folgt[21]:

1. Eine Noxe (z.B. Trauma oder Infektion) führt zur Freisetzung von Protonen (das Gewebe wird sauer), ATP, Sauerstoff-Radikalen, Kalium-Ionen und Arachidonsäure (aus Membranen).

2. Cyclooxygenasen (COX-1 in allen Gewebetypen und COX-2 in einwandernden Leukozyten) werden vermehrt exprimiert und wandeln die freigesetzte Arachidonsäure zu entzündungsfördernden Prostaglandinen (z.B. PGE_2) um.

3. Es kommt zur Freisetzung diverser Schmerz- und Entzündungmediatoren (wie z.B. Bradykinin, Histamin, Serotonin) und Zytokinen (z.B. Interleukin 1, TNF-α) mit z.T. gefäßerweiternden und entzündlichen Wirkungen. Es kommt zur Entzündung (mit lokalem Ödem).

4. Bezüglich des Schmerzes sensibilisieren Prostaglandine Nozizeptoren sensibler Neurone gegenüber Schmerzmediatoren, wie Bradykinin, Histamin und Serotonin, indem sie die Schwelle der Nozizeptoren für die Auslösung von Aktionspotentialen senken.S.236[3]

5. Das umliegende Gewebe wird schmerzempfindlicher. Nozizrezeptoren können durch einen Reiz jederzeit erregt werden. Bei Erregung wird das entstandene Aktionspotential über das Rückenmark (mit Reflexverschaltung) bis in das Gehirn geleitet, wo der Schmerz dann bewusst und emotional bewertet wird.

Viele Arten von Schmerz beginnen mit einer peripheren Schmerzentstehung vermittelt durch Schmerzrezeptoren. Hier ist der erste Angriffspunkt für mögliche Analgetika gegeben. Prostaglandine (vergleiche Schritt 2 u. 4 oben) spielen bei der Entstehung von Schmerzen, unabhängig ob peripher oder zentral, eine entscheidende Rolle, sodass eine Hemmung ihrer Synthese zur symptomatischen Behandlung wünschenswert wäre. Diese Gewebshormone werden durch Enzyme, sog. *Cyclooxygenasen*, enzymatisch aus Arachidonsäure, Eicosapentaensäure und Dihomogammalinolensäure (DGLA) hergestellt und dabei in drei Hauptgruppen eingeteilt. Serie-1 Prostaglandine (aus DGLA) haben entzündungshemmende Eigenschaften, Serie-2 Prostaglandine (aus Arachidonsäure) entzündungsfördernde Eigenschaften und Serie-3 Prostaglandine diverse andere, u.a. Serie-2 Prostaglandin hemmende Eigenschaften.[22]. Saure antipyretische Analgetika (wie z.B. die Acetylsalicylsäure) hemmen die Aktivität der Cyclooxygenasen irreversibel und so wird auch für Paracetamol ein COX-hemmender Wirkungsmechanismus in Betracht gezogen.

[21] WIKIPEDIA: http://de.wikipedia.org/wiki/Schmerz, aufgerufen am 18. Dezember 2010.

[22] WIKIPEDIA: http://de.wikipedia.org/wiki/Prostaglandine, aufgerufen am 18. Dezember 2010.

3.4.2. Analgetische Wirkungsmechanismen

Bis heute ist der eindeutige Wirkungsmechanismus von Paracetamol nicht geklärt.[2] Vor allem die Frage, wo Paracetamol seine Wirkung entfaltet, ob in der Peripherie am Ort der Entzündung oder zentral im Rückenmark und Gehirn, kann nicht eindeutig geklärt werden. Dennoch sind mehrere Wirkungsmechanismen mit empirischen Belegen identifiziert worden, sodass in der Literatur, zum Beispiel bei Kojda, 2008, S. 178[19], von einem „mulitfaktoriellem Wirkungsmechanismus" gesprochen wird.

Hemmung der Cyclooxygenasen (COX)

Nach der Entdeckung John Vanes, 1978 [23] , dass der schmerzstillende Effekt des Paracetamols auf die Hemmung der Cyclooxygenasen zurückzuführen ist, die über die Bildung von Schmerz- und Entzündungsmediatoren maßgeblich an der Schmerzweiterleitung beteiligt sind, glaubte man eine Erklärung für die vergleichbare analgetische Wirkstäre von Paracetamol zu anderen sauren antipyretischen Analgetika (NSAIDs, wie Acetylsalicylsäure oder Ibuprofen) gefunden zu haben. Man konnte jedoch nicht erklären, warum *in vivo* keine therapeutische antiphlogistische (entzündungshemmende) Wirkung erzielt wurde, noch warum gastro-intestinale Nebenwirkungen (PGE_2 wirkt mucoprotektiv im Magen) ausblieben.[S.251 [24]]

Mögliche Erklärungen für dieses Verhalten waren einerseits die Beobachtung, dass sich Paracetamol gleichmäßig im ganzen Körper verteilt, saure Nicht-Opioidanalgetika sich jedoch nach dem Ionenfallenprinzip (Anreicherung in dissoziierter Form in relativ basischen Zellen im entzündeten sauren Gewebe; da in dissoziierter Form hydrophil, kann der Wirkstoff nicht mehr die lipophile Zellmembran passieren) in entzündeten Geweben anreichert und die Entdeckung einer, bis dato unbekannten, Splicevariante der COX-1 bei Hunden, COX-3[25]. Spätere Untersuchungen zeigten jedoch, dass die Hemmung von COX-3 durch Paracetamol bei Hunden nicht auf Nagetiere und Menschen übertragen werden kann, da diese eine andere genetische Codierung und Funktion der COX-3 aufweisen und somit eine Hemmung eher unwahrscheinlich am schmerzstillenden und fiebersenkenden Effekt von Paracetamol beteiligt ist.[S.254 [24]]

Neuere Untersuchungen konnten dennoch einen hemmenden Zusammenhang der Cyclooxygenasen durch Paracetamol herstellen und diesen auch, unter den bereits erwähnten Aspekten, fundiert erklären.

Die Enzyme der Cyclooxygenasen COX-1 und COX-2 katalysieren als Isoenzyme die gleiche Reaktion. Dabei wandeln sie hauptsächlich Arachidonsäure zu Prostglandin-Endoperoxid-G_2 (PGH_2 - Vorform aller Prostaglandine) um, weshalb sie auch unter dem Namen der Prostglandin H_2-Synthase (PGHS) zusammengefasst werden. Die zwei Formen haben eine leicht unterschiedliche Struktur (65% der Aminosäurestruktur ist gleich; COX-2 hat eine geringere Substratspezifität), wobei die Verteilung in verschiedenen Geweben und die unterschiedliche Expressionssteurung bemerkenswert sind.[26] Die Cyclooxygenase (da sie als Isoenzym die gleichen Katalysemechanismen besitzen, wird im Folgenden exemplarisch immer vom COX-1

[23] VANE, J. R. R. J. FLOWER: *Inhibition of prostaglandin synthetase in brain explains the anti-pyretic activity of paracetamol (4-acetamidophenol)*. Nature, 240(5381):S.410–1, Nature Publishing Group, London, December 1972.

[24] BERTOLINI, ET AL.: *Paracetamol: New Vistas of an Old Drug*. CNS Drug Reviews, 12(3-4):S.250–275, Hoboken (USA), 2006.

[25] CHANDRASEKHARAN, ET AL.: *COX-3, a cyclooxygenase-1 variant inhibited by acetaminophen and other analgesic/antipyretic drugs: cloning, structure, and expression*. Proceedings of the National Academy of Science of the United States of America (PNAS), 99(21):S. 13926–31, Washington D.C. (USA), October 2002.

[26] WIKIPEDIA: http://de.wikipedia.org/wiki/Cyclooxygenase, aufgerufen am 19. Dezember 2010.

ausgegangen) ist ein dimeres, symmetrisches Membranprotein mit zwei identischen Untereinheiten (Monomeren), die jeweils eine große katalytische Domäne mit zwei aktiven, mechanistisch gekoppelten Zentren und Häm *b* (Fe(III)-Protoporphyrin IX) als prosthetische Gruppe besitzen.[27]

Auf zellulärer Ebene ordnet sich die PGH-Synthase in den Prozess der Prostaglandinsynthese (siehe Abbildung 3.3) als enzymatisch geschwindigkeitsbestimmender Schritt ein.[26]

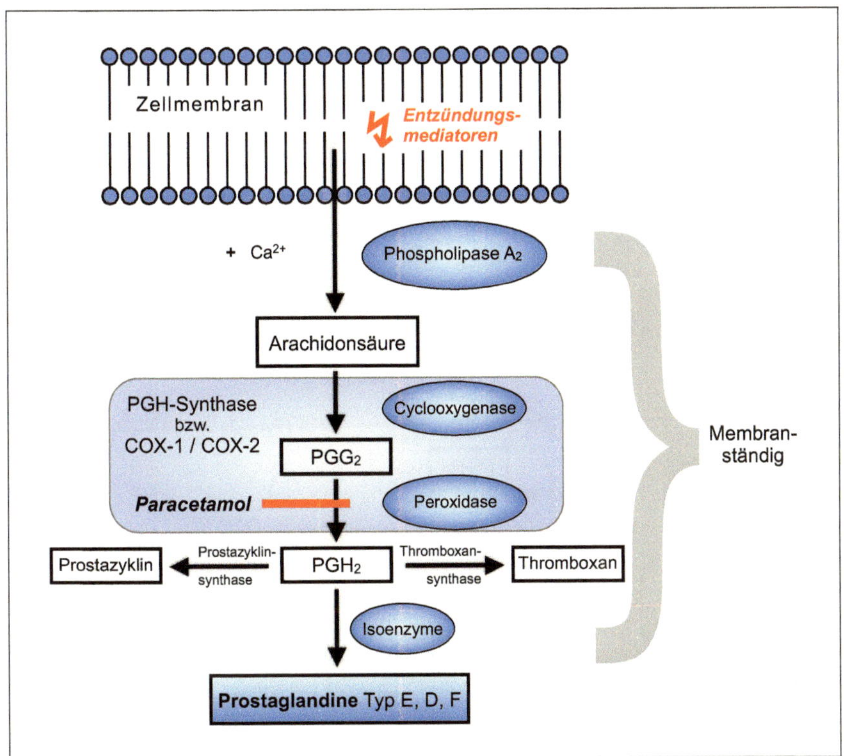

Abbildung 3.3.: Schema zur Synthese von Prostaglandinen gemäß Kojda, 2008, S. 179[22] - *PGG₂*: Prostaglandin-Endoperoxid-G₂, *PGH₂*: Prostaglandin-Endoperoxid-H₂

Die Synthese von Prostaglandinen gliedert sich grob in drei Schritte. Zuerst wird mithilfe der Phospholipase A_2 und Ca^{2+} als Cofaktor Arachidonsäure, welche in gebundener Form praktisch Bestandteil aller Zellmembranen ist, durch hydrolytische Spaltung der Esterbindung von Phospholipiden freigesetzt.[27] Dieser Prozess läuft kontinuierlich ab, kann jedoch bei Entzündungen, durch erhöhte Calcium^{2+}-Konzentration und Aktivierung von Membran-

[27] BIELE, DR. CARSTEN PROF. DR. GREGOR FELS: 2.4 - Aspirin - Cyclooxygenase - http://www.chemgapedia.de/vsengine/vlu/vsc/de/ch/12/thr/vlu_thr/aspirin_4_cox.vlu.html. FIZ CHEMIE Berlin, 2003, aufgerufen am 18. Dezember 2010.

rezeptoren (z.B. Serotoninrezeptor 5-HT$_2$, siehe Boron, 2003, S. 103 via Wikipedia[28]) in seiner Aktivität stimuliert werden. Dabei ist die Phospholipase ein membranständiges Enzym, ebenso wie alle anderen, an der Prostaglandinsynthese, beteiligten Enzyme. Nach dem Herauslösen des Arachidonats, verbleibt dieses, wegen seines amphipathischen Charakters in der Membran. Es treibt in der Membran herum, bis es den Eingang zur PGH-Synthase, eingerahmt von Helices der membranbindenden Domäne (MBD), erreicht und mit dem hydrophoben Schwanz in das Cyclooxygenase-Reaktionszentrum gelangt. Im Enzym findet man zwei Reaktionszyklen (siehe Abbildung 3.4) vor, die im jeweiligen aktiven Zentrum der Cyclooxygenase-Domäne und Peroxidase-Domäne stattfinden (beide Zentren sind Teil der großen katalytischen Domäne).

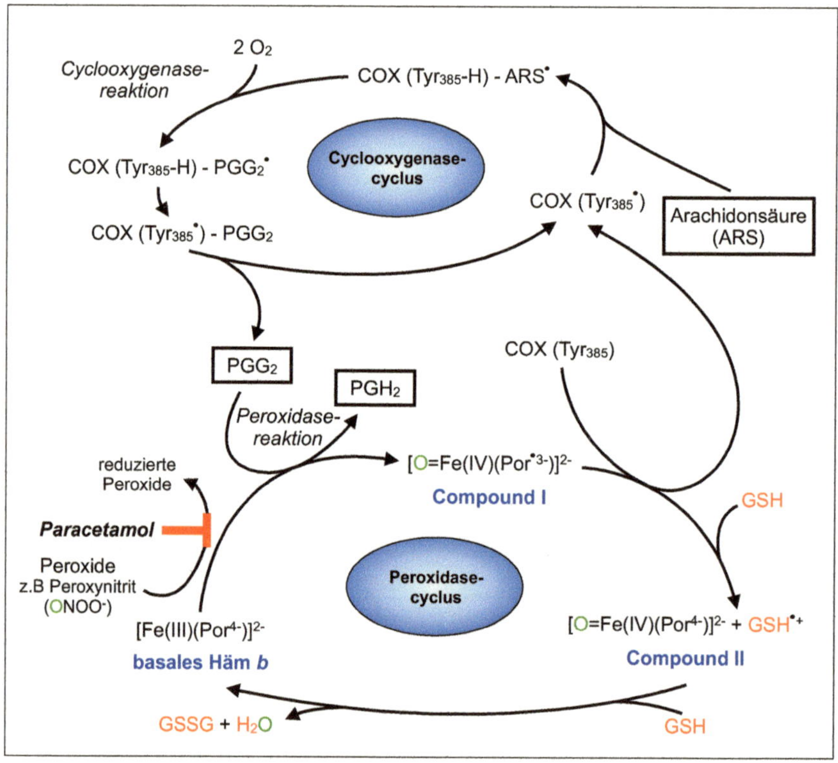

Abbildung 3.4.: Schema zu den Reaktionszyklen der PGH-Synthase gemäß Biele et al., 2003[27] und Schildknecht et al., 2008, S. 215[29] - *PGG$_2$*: Prostaglandin-Endoperoxid-G$_2$, *PGH$_2$*: Prostaglandin-Endoperoxid-H$_2$, *Tyr$_{385}$*: Aminosäure Tyrosin an Stelle 385, *[O=Fe(IV)(Por$^{•3-}$)$^{2-}$]*: Komplex mit Oxoferryl(IV)-Zentrum und Porphyrin-Radikalanion (Compund I), *[O=Fe(IV)(Por^{4-})$^{2-}$]*: Komplex mit Oxoferryl(IV)-Zentrum und Porphyrinliganden (Compund II), *[Fe(III)(Por^{4-})$^{2-}$]*: basaler Häm b-Komplex (Fe(III)-Protoporphyrin IX), *GSH*: Glutathion, *GSH$^•$*: Glutathion-Radikal, *GSSG*: Glutathiondissulfid

---

[28] WIKIPEDIA: http://en.wikipedia.org/wiki/Phospholipase_A2, aufgerufen am 19. Dezember 2010.

Der erste Schritt ist die spezifische Bindung des Arachidonats mit dem radikalischen Tyrosin_{385}-Sauerstoffatom am Rest des Tyrosins. Das Arachnoidat wird jetzt durch mehrere intramolekulare Elektronenverschiebungen, Cyclisierungen und wie der Addition von zwei Sauerstoffmolekülen, zu einem Peroxid, dem PGG_2 umgesetzt. Nach dieser Cyclooxygenasereaktion liegt das PGG_2 noch am Tyrosin gebunden vor, entzieht ihm jedoch ein Wasserstoffatom und entweicht als eigenständiges Molekül aus dem aktiven Zentrum. Bei diesem Schritt wird das Tyrosin_{385}-Radikal wiederhergestellt. Das PGG_2 wandert weiter in eines der beiden Peroxidase-Reaktionszentren des PGHS-Dimers. Dort erfolgt die Oxidation des vorhandenen Häms, als wichtiger Redoxpartner und Co-Faktor des Enzyms, durch das PGG_2. Dabei wird die Hydroperoxidgruppe $(-O-OH)$ des PGG_2 zu einer Hydroxygruppe $(-OH)$ des damit entstehenden PGH_2 reduziert. Bei diesem Redoxvorgang wird das Häm zu einem Oxoferryl(IV)-Komplex mit Prophyrinliganden und einem Porphyrin-Radikalanion (Compound I, siehe 3.4) oxidiert. Das PGH_2 entweicht in diesem Schritt aus dem Enzym. Das gebildete Compound I kann als Oxidationsmittel im nächsten Schritt des Zyklus entweder ein Tyrosin_{385}-Radikal bilden (zur ersten Initiierung des Cyclooxygenasecylus) oder z.B. mit Glutathion (GSH) oder anderen endogenen Reduktionsmitteln reagieren. Es entsteht das reduzierte Compound II und u.U. ein Glutathion-Radikal. Compound II wird nun wieder z.B. mithilfe von GSH unter Bildung von Wasser zum basalen Häm b reduziert. Vorhandene Glutathion-Radikale werden dabei zu Glutathiondissulfid umgesetzt. Die erneute Oxidation zum Compound I kann nun wieder durch PGG_2 erfolgen oder durch endogene Peroxide, wie z.B. Peroxynitrit ($ONOO^-$).

Gemäß Schildknecht et al., 2008, S. 215 ff.[29] liegt der Angriffspunkt des Paracetamols in der Neutralisation von Peroxiden, allen voran Peroxynitrit (gebildet aus Stickstoffmonooxid $^{\cdot}NO$ und Peroxid $^{\cdot}O_2^-$), da diese, neben der Oxidation des Häms durch PGG_2, entscheidend für die Bildung neuer Tyrosin_{385}-Radikale via Compound I ist. Es wurde *in vitro* und in Zellkultursystemen empirisch bewiesen, dass ein gesteigerter „Peroxid-Tonus"die Aktivität der PGHS ansteigen lässt. So konnte gezeigt werden, dass ein verminderter Peroxid-Tonus bezüglich des Peroxynitrits, nach Gabe von Paracetamol in therapeutischen Mengen, die katalytische Aktivität der PGH-Synthase hemmte. Bei Zellen mit einem sehr hohen Peroxid-Tonus (z.B. bei Entzündungen) brachte dieser Mechanismus jedoch keinen therapeutischen Gewinn, da eine effektive Hemmung der Peroxide durch Paracetamol eine sehr viel höhere (toxische) Konzentration benötigen würde. Wahrscheinlich ist dies auch der Grund, warum Paracetamol kaum antiphlogistische Wirkung zeigt.S. 179[19] Ein weiterer beobachteter Wirkungsmechanismus des Paracetamols ist seine Fähigkeit als reduzierendes Co-Substrat bei der Reduktion des Compound I zu Compound II tätig zu sein, sodass weniger Compound I zur Herstellung von Tyrosin-Radikalen zur Verfügung steht.S. 917[30]

Weitere mögliche Mechanismen, die noch diskutiert werden und nicht direkt belegt wurden, sind die kompetitive Hemmung am aktiven Cyclooxygenase-Zentrum durch die phenolische Struktur von Paracetamol, allgemeine antioxidative Effekte bezüglich des Peroxid-Tonus und die Beeinflussung der zellulären Signalgebung durch reaktive Metaboliten des Paracetamols (vgl. Schildknecht et al., 2008. S. 215 f.[29]).

Um zur Prostaglandinsynthese im Allgemeinen zurück zu kehren (siehe Abbildung 3.3) ist nun mit der Bildung des PGH_2 die Vorform aller Prostaglandine gegeben. Über verschiedene Isoenzyme werden nun weitere Prostaglandine gebildet. Sie übernehmen verschiedenste Aufgaben, wie z.B. das Thromboxan, dass die Thrombozytenaggregation fördert.

---

[29] Schildknecht, et al.: *Acetaminophen inhibits prostanoid synthesis by Acetaminophen inhibits prostanoid synthesis by scavenging the PGHS-activator peroxynitrit.* The FASEB journal, 22:S. 215–224, The Federation of American Societies for Experimental Biology, Bethesda (USA), 2008.

[30] Anderson, Brian J.: *Paracetamol (Acetaminophen): mechanisms of action.* Pediatric Anesthesia, 18(10):S. 915–921, Wiley–VCH, Weinheim, 2008.

Beeinflussung serotoninerger Signalgebung

Experimentelle Daten einer placebogestützten, doppelblinden Cross-Over-Studie lassen vermuten, dass Paracetamol seine Wirkung durch Aktivierung serotoninerger Mechanismen an absteigenden, schmerzhemmenden Neuronen im Rückenmark, getestet am Serotonin-Rezeptor 5-HT$_3$, erzielt.[31] Alternativ kann der schmerzstillende serotoninerge Effekt auch als eine Folge der Hemmung der Prostaglandinfunktion gesehen werden, da die meisten serotoninergen Neurone auch Prostanoidrezeptoren exprimieren.[2]

Wechselwirkungen mit dem Endocannabinoidsystem

Obwohl kein beweisbarer Zusammenhang zwischen der Einnahme von Paracetamol und der Beeinflussung von Stimmung, Appetit oder Durst festgestellt werden konnte, ist subjektiv bei allen Anilin-Analgetika eine schwache euphorisierende, entspannende und beruhigende Wirkung, ähnlich der Wirkung von Cannabinoiden, zu verzeichnen.[S.918][30] Tatsächlich konnte empirisch *in vivo* eine Wechselwirkung mit dem körpereigenen Cannabinoidsystem festgestellt werden.[24] Es wurde festgestellt, dass ein Enzym namens *FAAH* (fatty acid amide hydrolase), welches als wichtigste Aufgabe die Katalyse vom körpereigenen Cannabinoid *Anandamid* zu den Spaltprodukten Ethanolamin und Arachidonsäure hat, Paracetamol im deacetylierten Zustand als p-Aminophenol, mit Arachidonsäure zu N-Arachidonoylphenolamin (AM404) umsetzen kann (siehe Abbildung 3.5). In diesem Fall fungiert Paracetamol als Vorstufe (*pro-drug*) des physiologisch wirksamen AM404, welches erst im Körper synthetisiert werden muss.

Dieser Vorgang findet sowohl im Rückenmark, wie auch im Gehirn statt und wurde kausal an FAAH-Knockout Mäusen (fehlendes Gen zur FAAH Synthese) mit der fehlenden Entstehung von AM404 bewiesen.[S.255][24]

AM404 ist ein potenter Agonist von Vanilloid-Subtyp 1 Rezeptoren (TRPV1), die genauso wie der Cannabinoid-Rezeptor CB$_1$ eine erwiesene Rolle in der Vermittlung von Schmerzen und Fieber spielen.[S.255][24] So konnte am Beispiel von Ratten gezeigt werden, dass bei der Gabe von CB$_1$-Rezeptor Antagonisten die analgetische Wirkung von Paracetamol komplett ausblieb. Eine weitere Wirkung von AM404 ist die Hemmung der zellulären Wiederaufnahme (über AMT, anandamide membrane trasporter) des körpereigenen Cannabinoids Anandamins, welches sich daher extrazellulär anreichert und vermehrt wirken kann. Dieses trägt über Cannabinoid-Rezeptoren letztendlich zur Schmerzhemmung bei.

Diese Erkenntnisse werden von den Beobachtungen gestützt, dass, ähnlich wie bei dauerhaftem Cannabinoid-Konsum, Menschen nach mehrjähriger Einnahme von Anilin-Analgetika nach ihrem Absetzen unter Entzugserscheinungen zu leiden haben.[S.253][24] Es ist auch nicht verwunderlich, dass Regionen im Gehirn, die überdurchschnittlich FAAH exprimieren, TRPV1 und CB$_1$-Rezeptoren aufweisen (z.B. im Nucleus mesencephalicus nervi trigemini, primäre sensorische Neuronen).[S.257][24] Es sei jedoch abschließend zu betonen, dass auch die analgetischen Effekte von nichtselektiven COX-Hemmern, wie Indometacin, von CB$_1$-Rezeptor Antagonisten gehemmt wird. Dies deutet auf eine noch ungeklärte Interaktion zwischen dem COX- und Endocannabinoidsystem hin, die über die oben genannten Mechanismen hinausgeht.[S.180][19]

---

[31] PICKERING, ET AL.: *Acetaminophen Reinforces Descending Inhibitory Pain Pathways.* Clinical Pharmacology and Therapeutics, 84(1):S. 47–51, American Society of Clinical Pharmacology and Therapeutics, Alexandria (USA), October 2007.

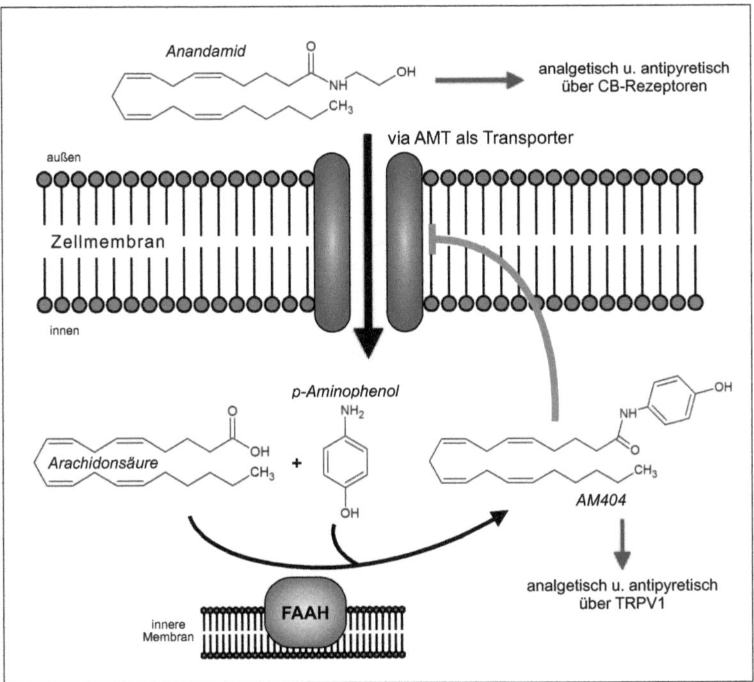

Abbildung 3.5.: Mechanismus der Interaktion zwischen Paracetamol und dem Endocannabinoidsystem gemäß Kojda, 2008, S. 181[22] - *AMT*: anandamide membrane transporter, *FAAH*: fatty amide acide hydrolase, *AM404*: N-Arachidonoylphenolamin, *CB-Rezeptor*: Cannabinoid-Rezeptor, *TRPV1*: Vanilloid-Rezeptor 1, auch als Capsaicin-Rezeptor bekannt

3.4.3. Entstehung von Fieber

Per definitionem ist Fieber die „Überschreitung der Körpertemperatur von 38,3°C als Folge einer zentralen Verstellung des Sollwerts in den Wärmeregulationszentren".S.615[32] Je nach Literaturquelle kann die Grenze, ab der die Körpertemperatur als Fieber gewertet wird, unterschiedlich gesetzt werden, liegt jedoch immer ca. um 38°C. Die Auslösung von Fieber geschieht über exogene Pyrogene (z.B. Viren oder Zellwandbestände gramnegativer Bakterien wie Lipopolysaccharide), welche wiederum Monozyten (über „toll-like" Rezeptoren, TLRs) dazu anregen endogene Pyrogene (z.B. Interleukin-1) zu bilden.S. 237[3] Die im Blut zirkulierenden endogenen Pyrogene induzieren zunächst bei Makrophagen[33], dann in den Kapillarendothelien des dem Hypothalamus benachbarten, stark vaskularisiertem *Organum vasculosum laminae terminalis* (OVLT) die Cyclooxygenase-2-Expression und damit die vermehrte Synthese von Prostaglandinen (v. a. PGE₂). Das freigesetzte PGE₂ aktiviert über einen seiner korrespondierenden Prostaglandin E₂-Rezeptoren, dem Prostanoid-EP₃-Rezeptor, die Bildung vom intrazel-

[32] *Roche Lexikon Medizin.* 5. neubearbeitete und erweiterte Auflage. Hoffmann-La Roche AG und Elsevier Urban & Fischer (Hrsg.), München, Jena, 2003.

[33] STEINER, ET AL.: *Cellular and Molecular Bases of the Initiation of Fever.* PLoS Biology, 4(9):S. 1517–24, Public Library of Science (PLoS), San Francisco, Cambridge (UK), August 2006.

lulären Botenstoff cAMP (cyclischem Adenosinmonophosphat) im Wärmeregulationszentrum des vorderen Hypothalamus (*nucleus preopticus*). Durch Hemmung wärmesensitiver Neurone wird dadurch der Sollwert für die Körpertemperatur erhöht.[34] Die Temperatur steigt durch verminderte Wärmeabgabe (z.B. verminderte periphere Gefäßerweiterung, vermindertes Schwitzen) und vermehrter Wärmeproduktion (z.B. Muskelkontraktionen - Schüttelfrost).

3.4.4. Antiypretische Wirkungsmechanismen

Wie in Kapitel 3.2.1 schon beschrieben, zeigt Paracetamol antipyretische (fiebersenkende) Wirkung. Nach Studium aller im Literaturverzeichnis angegebenen Quellen, ergeben sich zwei antipyretische Wirkungsmechanismen als wissenschaftlich fundiert.

Hemmung der PGE_2-Bildung

Es ist bekannt, dass Paracetamol die Aktivität von Cyclooxygenasen, insbesondere die von COX-2[S. 178][19], hemmt und damit die Synthese von Prostaglandinen (siehe Kapitel 3.4.2) verringert. Da das Prostaglandin PGE_2 jedoch eine grundlegende Rolle bei der Entstehung des Fiebers spielt, kann durch die Hemmung der PGE_2-Bildung im OVLT[S. 237][3] und Makrophagen (im Gehirn)[35] die antipyretische Wirkung erklärt werden.

Antipyretische Wirkung von Cannabinoiden

Ausgehend von den Wechselwirkungen von Paracetamol mit dem Endocannabinoidsystem (Kapitel 3.4.2), lässt sich durch die erhöhte Konzentration des endogenen Cannabinoids Anandamid die antipyretische Wirkung mit der Aktivierung von CB_1-Rezeptoren im präoptischen Teil des Hypothalamus erklären. Es wurde auch gezeigt, dass eine hemmende Abhängigkeit zwischen der AM404 Konzentration und der Aktivität von COX-1, COX-2 und LPS-induzierten (Lipopolysaccharid) PGE_2-Synthese durch Makrophagen herrscht. Beide Tatsachen wurden von Bertolini et al., 2006, S.255 f.[24] bestätigt.

3.4.5. Weitere potentielle Wirkungsmechanismen

In der Arbeit von Bertolini et al., 2006[24] und bei Wikipedia[2] wird noch auf andere mögliche Wirkungsmechanismen des Paracetamols verwiesen. Es wird vermutet, dass Paracetamol einen hemmenden Einfluss auf die Bildung von Stickstoffmonooxid (NO, Botenstoff) und der Vermeidung einer Hyperalgesie induziert durch N-Methyl-d-aspartat (NMDA, Botenstoff ähnlich Glutamat mit ausschließlicher Bindung an NMDA-Rezeptoren) oder Substanz P (Neuropeptid der Gruppe der Neurokinine) hat. Diese Vermutungen basieren auf einer Versuchsreihe (siehe Björkmann et al., 1994[36]), bei der spinal mit den oberen Substanzen versehenen Ratten, die zuvor mit Paracetamol behandelt wurden, keine üblichen Anzeichen, wie Kratzen und Beißen zeigten (als Zeichen einer Hyperalgesie). Bei der Applikation von L-Arginin jedoch, dem Substrat für die NO-Synthase, wurde der analgetische Effekt von Paracetamol wieder aufgehoben. Es wird angenommen, dass auch NMDA und Substanz P eine Rolle im schmerzhemmenden Mechanismus von Paracetamol übernehmen.

---

[34] WIKIPEDIA: http://de.wikipedia.org/wiki/Fieber, aufgerufen am 20. Dezember 2010.

[35] GRECO, ET AL.: *Paracetamol effectively reduces prostaglandin E2 synthesis in brain macrophages by inhibiting enzymatic activity of cyclooxygenase but not phospholipase and prostaglandin E synthase*. Journal of Neuroscience Research, 71(6):S. 844–852, Wiley–VCH, Weinheim, 2003.

[36] BJÖRKMAN, ET AL.: *Acetaminophen blocks spinal hyperalgesia induced by NMDA and substance P*. Journal of Pain, 57(3):S. 259–64, Thomson Reuters, New York (USA), June 1994.

4. Nachwort

Die chemische Verbindung *N-(4-Hydroxyphenyl)acetamid* ist ein wissenschaftlich sehr interessanter Stoff, der bis heute, über 100 Jahre nach seiner Entdeckung, immer noch viel Potential zur Forschung besitzt. Ausgehend von alltäglichen Begegnungen mit seinen schmerzstillenden und fiebersenkenden Eigenschaften, wo die Verbindung besser bekannt ist als *Paracetamol*, bis hin zu seiner Rolle als Vertreter der Anilinderivate in der organischen Chemie, mit Einsatzmöglichkeiten wie der Azofarbstoffsynthese, zeigt sich der interdisziplinäre Charakter dieses Moleküls.

Es ist das Interesse dieser Facharbeit diesen interdisziplinären Charakter, mit dem Schwerpunkt Chemie, möglichst gut zu repräsentieren und dabei auch ein allgemeines naturwissenschaftliches Verständnis für das Thema zu vermitteln. Die Arbeit mit wissenschaftlichen Veröffentlichungen und Lehrbüchern zeigt, dass der chemische Stoff Paracetamol so viele verschiedene, zum Teil sehr detaillierte, Forschungsansätze beherbergt, die für eine gesamte Betrachtung unbedingt einer schriftlichen Synthese bedürfen. Dabei muss gewährleistet werden, dass möglichst viele Aspekte des Fortschritts der Forschung anschaulich abgedeckt werden, gleichzeitig jedoch allgemeine Erklärungen die Einordnung in vorhandene Zusammenhänge erleichtern. So pointiert der Schluss bei Bertolini et al., 2006, S. 266, nicht um sonst die Tatsache, dass gerade Paracetamol als *pro-drug* (Vorstufe) eines endogenen Cannabinoids eines der sichersten Medikamente auf dem Markt ist, obwohl die ersten CB_1-Rezeptor Agonisten als analgetische Wirkstoffe noch sehr kritisch betrachtet werden.
Der praktische Teil dieser Arbeit nimmt die Rolle der experimentellen Überprüfung theoretischer Ansätze ein und gibt die Bestätigung für bekannte Erkenntnisse oder evtl. neuen Hypothesen. Gleichzeitig wird an wissenschaftliches Arbeiten herangeführt und Erfahrung im Labor gesammelt, so dass auch eine Vorbereitung auf selbständiges Arbeiten an einer Hochschule Sinn der Facharbeit ist.

Abschließend sei noch einmal die Wichtigkeit von Paracetamol als traditionsreiches Medikament in unserer heutigen Welt unterstrichen. Nicht zuletzt deshalb ist der Wirkstoff immer noch Bestandteil beider Listen der Weltgesundheitsorganisation WHO an essentiellen Medikamenten für Erwachsene und Kinder (WHO Model List of Essential Medicines, Stand 2009) und bleibt für sehr viele Patienten unverzichtbar.

In Rückbezug auf das Zitat von Lichtenberg am Anfang der Arbeit sollten wir uns hoffentlich nur selten der Wirkung von Paracetamol bedienen müssen und uns öfter freuen, wenn wir keinen Schmerz haben.

A. Anhang

A.1. Laborprotokoll 1: Ermittlung des pH-Wertes

pH-Wertmessung von Paracetamol am 07.07.10, 04.10.10, 07.10.10	Robert Bozsak - KS 13 **1** **Facharbeit**

Zeit:	Mittwoch, der 07. Juli 2010 - 07:55 Uhr Montag, der 04. Oktober 2010 - 13:15 Uhr Donnerstag, der 07. Oktober 2010 - 14.00 Uhr
Thema:	pH-Wertmessung von eigens synthetisiertem Paracetamol (4-Acetylaminophenol) und käuflichem Paracetamol
Geräte:	Mörser, analoges pH-Meter (Mauer MPH 225), 2 kleine Bechergläser, Glasstab
Chemikalien:	selbst synthetisiertes Paracetamol (R: 22-36/38-52/53 S: 26-37/39-61), 1 Tabl. 500 mg Paracetamol (CT-Arzneimittel), dest. Wasser
Versuchsaufbau:	Es werden 0,5 g des käuflichen (1. Tabl.) und synthetisierten Paracetamols in jeweils 20 ml destilliertem Wasser bestmöglich gelöst. Dazu werden die Ausgangsstoffe in einem Mörser vorher so gut wie möglich zerkleinert. Das pH-Meter wurde vorher mittels einer alkalischen und neutralen pH-Pufferlösung kalibriert.
Versuchsdurchführung:	(Am 04.10.10 und 05.10.10 wurde das selber synthetisierte Paracetamol erneut mit dest. Wasser gewaschen und im Ofen bei ca. 80ºC für 2-3h getrocknet.) Es werden nun beide Lösungen mittels der Sonde des pH-Meters auf ihren pH-Wert untersucht. Dabei soll der Kopf der Sonde vollständig in die Lösung eintauchen. Zwischen den zwei Messungen wird die Sonde mit destilliertem Wasser gereinigt.
Beobachtung:	
Versuch 1 (synthetisiertes Paracetamol)	Nach Hinzugeben des Präparats zum Wasser löst sich zunächst ein Teil; es entsteht eine feinpulvrige, weiße Suspension, bei der z.T. ein Bodensatz übrig bleibt. **gemessener pH-Wert** bei Raumtemperatur (ca. 20ºC) nach 10 Min.: 07.07.10: **pH 3,7** 04.10.10: nach Waschen, feuchte Probe - Messung nicht möglich 07.10.10: **pH 5,8**
Versuch 2 (käufliches Paracetamol)	Ähnlich wie Versuch 1, jedoch ist das Präparat noch weniger löslich. **gemessener pH-Wert** bei Raumtemperatur (ca. 20ºC) nach 10 Min.: 07.07.10: **pH 7,0 - 7,1** 04.10.10: pH 6,7 (verunreinigte Probe) 07.10.10: **pH 7,0 - 7,1**
Entsorgung:	keine besonderen Hinweise.

Auswertung:

Da der erwartete Wert einer gesättigten, wässerigen Lösung von Paracetamol nur leicht im Sauren liegt (ca. pH 5,5-6,5 bei Standartbed.[1]), sind die ersten Ergebnisse aus Versuch 1 und 2 zunächst unerwartet.

Der stark saure Wert (pH 3,7) aus Versuch 1 ist das Ergebnis der verunreinigten Probe, da diese auch nach mehrmaligem Waschen, nach der Synthese, noch Essigsäure enthält. Ein erneutes Waschen und eine neue Messung erfolgte am 04.10.10 bzw. 07.10.10. Nach wiederholter Filtration ergab die pH-Messung am 07.10.10 (pH 5,8) einen plausiblen Wert, der mit den Erwartungswerten aus der Literatur übereinstimmt und einen höheren Reinheitsgrad der Probe vermuten lässt.

Das im Neutralen liegende pH-Wertergebnis aus Versuch 2 (pH 7,0-7,1) lässt sich mittels den zusätzlichen Inhaltsstoffen des Medikaments erklären. Folgende Tabelle erläutert die Inhaltsstoffe der Arznei:

Inhaltsstoff	Aufgabe / chem. Eigenschaften
Paracetamol	Wirkstoff; insgesamt durch phenolische OH-Gruppe sauer (pH 5,5 - 6,5 in wässeriger Lösung bei 20ºC)
Polyvidon (Polyvinylpyrrolidon)	Tablettenbindemittel; pH bei Standartbed. einer 5% Lsg.: pH 3 -5 [2]
Croscarmellose-Natrium	Quellmittel zur Zerfallsbeschleunigung; Na-Salz der Carboxymethylcellulose 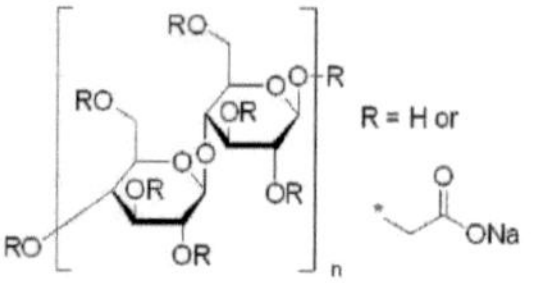
Stärke	Füllstoff, Sprengmittel, Bindemittel, Grundlage; pH-Wert nicht messbar, da wasserunlöslich
mikrokristalline Cellulose	*siehe Stärke*
Magnesiumstearat	*siehe Stärke*
hochdisperses Silliziumdioxid	*siehe Stärke*
Talkum	*siehe Stärke*

Leider sind über die Mengen der Inhaltsstoffe keine Angaben im Beipackzettel gemacht, sodass nach Berücksichtigung der Inhaltsstoffe, der Unterschied des pH-Werts der Größenordnung ≈ 1 (= 10-fach höhere Konzentration an H_3O^+-Ionen) gegenüber dem aus der Literatur bekannten Wert und dem gemessenen Wert, entweder an den Inhaltsstoffen liegt oder an einem verunreinigten Wirkstoff. Eine aussagekräftige Feststellung der Ursache ist, auch in Anbetracht fehlender Informationen, wie der Referenz-pH bei GESTIS[1] ermittelt wurde, nicht möglich.

Auf eine weitere Isolierung des Paracetamols zur pH-Wertbestimmung aus Versuch 2 wird hinsichtlich des unbestimmten Aufwandes verzichtet.

---

[1] GESTIS-Datenbank, des IFA: http://biade.itrust.de/biade/lpext.dll?f= id&id=biadb:r:024840&t=main-h.htm, aufgerufen am 13. August 2010.

[2] Merck Chemicals Produktdatenbank: „107443 Polyvidon 25", http://www.merck-chemicals.com/germany/polyvidon-25/ MDA_CHEM-107443/p_PX6b.s1LH5gAAAEW7OEfVhTl;sid=O22or8ENhFKbr42l9_u9-GnN6G4tsAkZ_EKWiG7MHl1FXtEROLRVl-gKGpmx64tsk_mWiG7M6G4tsBIOvnKJW9hJ , aufgerufen am 03. Oktober 2010

A.2. Laborprotokoll 2: Klassische Synthese von Paracetamol

Synthese von Paracetamol am Mo., 28.06.10, Di., 29.06.10, Mi., 30.06.10, Do., 01.07.10

Robert Bozsak - KS 12 | 1
Facharbeit

Zeit:

Montag, der 28. Juni 2010 - 14:45 Uhr
Dienstag, der 29. Juni 2010 - 14.00 Uhr
Mittwoch, der 30. Juni 2010 - 07.55 Uhr
Donnerstag, der 01. Juli 2010 - 13.15 Uhr

Thema:

Synthese von Paracetamol (4-Acetylaminophenol)

Geräte:

Stativ, Tropftrichter oder Rückflusskühler, Heizplatte mit Kontaktthermometer
(Heizbad mit Silikonöl gefüllt), Rundkolben, Magnetrührer und -stäbchen,
Klemmen, Büchnertrichter

Chemikalien:

10,8 g (0,1 mol) p-Aminophenol - Xn, R: 20/22-68-50/53
32 ml destilliertes Wasser
12,8 g (12 ml) Acetanhydrid - C, R: 10-20/22-34

Versuchsaufbau:

Schutzbrille aufsetzen - Niemals Wasser ins Ölbad kommen lassen!

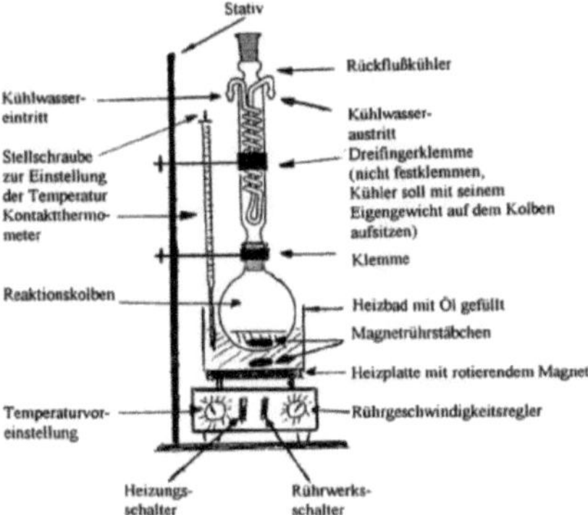

Versuchsdurchführung:

In einem (100 ml) Rundkolben werden 10,8 g p-Aminophenol, 32 ml Aq. dest und ein Magnetrührstäbchen gegeben. Der Kolben wird am Stativ befestigt und in ein Ölbad getaucht, das auf dem Magnetrührwerk und der Heizplatte steht. Das Magnetrührwerk wird in mäßige Umdrehungen versetzt und danach werden 12,8 g (12 ml) Acetanhydrid zugefügt. Zum Schutz vor Verspritzungen wird ein Tropftrichter aufgesetzt (ein Rückflusskühler ist auch möglich).
Das Ölbad wird auf 80°C-90°C erwärmt (Stellwert am Kontaktthermometer 90°C bei einer maximalen Temperaturvoreinstellung der Heizung) und nach Erreichen dieser Temperatur wird der Kolben noch 10 min im Heizbad belassen, wobei weiter gerührt wird. Danach nimmt man den Kolben aus dem Heizbad, entfernt anhaftendes Öl mit einem Lappen oder Papier und nimmt das Magnetrührstäbchen heraus. Anschließend kühlt man den Kolben außen ca. 5 min unter ständigem Schwenken mit fließendem Wasser und stellt ihn 10 min in ein Eisbad. Dabei kristallisiert das Paracetamol aus.

Der Kolbeninhalt wird mit Hilfe eines Büchnertrichters abgesaugt / genutscht (angefeuchtetes Filterpapier faltenfrei und passgenau auf den Boden des Trichters auflegen). Nach Anschluss der Saugflasche an die Vakuumversorgung wird der Vakuumhahn geöffnet und der Inhalt aus dem Reaktionskolben ohne Zögern in den Trichter gegossen. Um die letzten Reste an Reaktionsprodukt aus dem Reaktionskolben zu entfernen, kann das Filtrat aus der Saugflasche zurück in den Kolben gegeben und erneut filtriert werden.

Das Produkt auf dem Büchnertrichter wird danach mit wenig Wasser gewaschen (zum Waschen wird kurz belüftet, 2-3 ml Wasser über den Filterkuchen gegeben und erneut trocken gesaugt). Dieser Filtrationsschritt kann, je nach Bedarf, beliebig oft wiederholt werden. Das so gewaschene Paracetamol wird mit einem umgedrehten Glasstopfen auf dem Trichter bei anliegendem Vakuum festgedrückt (abgepresst), um noch anhaftende Flüssigkeit zu entfernen. Der Filterkuchen wird vom Büchnertrichter auf eine Tonplatte überführt, dort festgedrückt und nach ca. 15 min auf ein Stück Papier gebracht und abgewogen.

Beobachtung:

- Das p-Aminophenol ist eine sandige, kristalline Substanz, die in wässeriger Lösung zu einer sandfarbenen Suspension wird.
- Nach Zutropfen des Acetanhydrids kommt es zu einer schnellen braun bis Honigfärbung. Die Lösung wird immer heller, bis sie komplett durchsichtig wird.
- Nach ca. 3 Minuten Erwärmen kommt es zur schlagartigen Kristallisation von feinem bis mittelgroben weißen Niederschlag, der den ganzen Kolbeninhalt kristallisiert.
- Bei ca. 80-90°C löst sich der Niederschlag langsam wieder auf und es entsteht eine homogene Flüssigkeit wie vorher.
- Nach weiteren fünf Minuten wird der Kolben geschwenkt und in Eiswasser gestellt. Nach längerer Wartezeit zeigt sich eine trübe, dunkle, bernsteinfarbene Suspension mit starkem Essigsäuregeruch.
- Nach 1 Tag (29.06.10) im Kühlschrank: trübe Suspension mit weißem, kristallinen Inhalt
- Nach 2 Tagen (30.6.10): an diesem Tag wurde die Suspension gefiltert und der weiße, kristalline Filterkuchen zur Trocknung in ein Tonkrug gegeben.
- Nach 3 Tagen (01.07.10): es wurden 12,40 g Produkt abgewogen und in eine Petrischale gegeben.

Entsorgung: keine besonderen Hinweise.

Auswertung:

Die unerwartete Kristallisation der Lösung bei niedriger Temperatur, bevor sie sich erneut gelöst hat, hängt wahrscheinlich mit Verunreinigungen im Versuch zusammen. Dies bedingt wahrscheinlich auch die schlechte Auskristallisation des Paracetamol nach Durchführung des Versuches.

Die Reaktion ist eine N-Acetylierung, d.h. eine Übertragung des Acetylrests auf den Stickstoff des p-Aminophenols.. Da im Aminophenol die NH_2-Gruppe eine stärkere nucleophile Gruppe als die OH-Gruppe ist, greift diese primär am Essigsäureanhydrid an. (siehe Abb. 1)

Der Reaktionsmechanismus besteht wiederum im 1. Schritt aus einer **nucleophilen Addition an die C=O Doppelbindung** der Carboxygruppe und im 2. Schritt aus der **Eliminierung von Essigsäure** (Additions-Eliminierungsmechanismus).

Reaktionsgleichgung (Abb. 1)

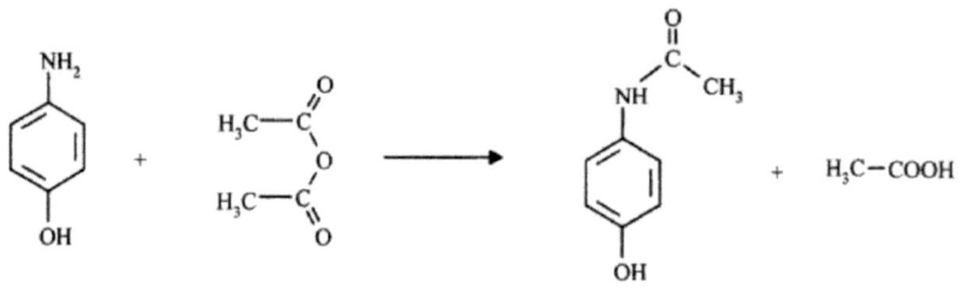

A.2.1. Bilder des Laborversuches

Versuchsaufbau zur Synthese	erste vollständige Kristallisation
Lösung der Produkte nach Synthese	filtriertes und getrocknetes Endprodukt

A.3. Laborprotokoll 3: Nachweisreaktionen für Paracetamol

Zeit:	Montag, den 25. Oktober 2010 - 13.15 Uhr
Thema:	Nachweisreaktionen für Paracetamol (4-Acetylaminophenol)
Geräte:	2 große Reagenzgläser, Stopfen, Pipetten

Chemikalien: selbst synthetisiertes **Paracetamol** (R: 22-36/38-52/53 S: 26-37/39-61), **10%-ige FeCl$_3$-Lösung** (R: 22-38-41, S:26-39), **p-Aminophenol** (Xn, R: 20/22-68-50/53), **Natriumnitrit** (R: 8-25-50, S: 1/2-45-61), **2 M - Salzsäure** (R: 34-37, S: 1/2-26-45), **N-(1-Naphthyl)-ethylendiamin-hydrochlorid** (Xn), **konz. Essigsäure** (R: 10-35, S: 1/2-23-26-45), aq. dest.

Versuchsaufbau: V_1 - **Nachweis von Paracetamol mittels FeCl$_3$**
Es werden 0,2 g Paracetamol abgewogen, in 50 ml dest. Wasser gelöst und die FeCl$_3$-Lösung bereitgestellt.

V_2 - **Synthese eines Azofarbstoffes mit Saltzmanns Reagenz**
Es werden 0,5 g p-Aminophenol abgewogen und in das Reagenzglas gegeben.
Nun fügt man noch ca. 50 ml dest. Wasser und 2,5 ml Essigsäure hinzu. Zur besseren Lösung des Feststoffes kann mit einem Stopfen kräftig geschüttelt werden.
Es werden 0,005 g N-(1-Naphtyl)-ethylendiamin-hydrochlorid und ein paar Kristalle NaNO$_2$ bereitgestellt.

Versuchsdurchführung:

V_1 - Zu der Lösung an Paracetamol werden einige Tropfen FeCl$_3$ dazupipettiert. Dabei ist aufmerksam die Farbänderung zu beobachten.

V_2 - Es wird zu der angesetzten Lösung an p-Aminophenol und Essigsäure nun die kleine Menge an N-(1-Naphtyl)-ethylendiamin-hydrochlorid gegeben, die in etwa einer Spatelspitze entspricht. Nun fügt man noch einige Kristalle des Natriumnitrits hinzu und beobachet.

Beobachtung:

Versuch 1 - Nach Hinzugabe des Eisen(III)-chlorids verfärbt sich sich die Lösung gleichmäßig blau. Letztendlich entsteht ein königsblauer Farbniederschlag im Reagenzglas (siehe Bilder, A.3.1.).

Versuch 2 - Die angesetzte Lösung ist farblos und zeigt nach Hinzugabe der Essigsäure nur eine Verzerrung zweier Phasen im Reagenzglas. Auch nach Dazugeben des N-(1-Naphtyl)-ethylendiamin-hydrochlorid ist keine Änderung bemerkbar. Beim Hineingeben des Natriumnitrits ist eine feinperlige Gasentwicklung und ein orangefarbiger Schleier zu erkennen. Ein Geruch nach Essigsäure und Lösungsmittel ist zu vernehmen. Letztendlich färbt sich die Lösung hellorange (siehe Bilder, A.3.1.).

Entsorgung: Die Lösungen werden beide unter den Abzug gestellt, sodass sie verdampfen können und danach als Feststoff entsorgt werden.
Versuch 2 sollte jedoch unbedingt mit oxidativen Chemikalien behandelt werden, um die vorhandenen Nitrite zu oxidieren.

Auswertung:

V_1 - Nachweis von Paracetamol mittels $FeCl_3$: *Komplexbildung*

Bei diesem Nachweis von Paracetamol handelt es sich um eine Komplexbildung, bei der das Fe^{3+}-Ion als Zentralion von sechs Paracetamolmolekülen bzw. deren O^--Gruppen oktaedrisch komplexiert wird. Dieser Komplex, mit dem Namen Hexaparacetamolferrat(III), ist für die tiefblaue Farbe verantwortlich.

Es lässt sich folgende Reaktionsgleichung formulieren:

V_2 - Synthese eines Azofarbstoffes mit Saltzmanns Reagenz: *Azokupplung des p-Aminophenols*

Das p-Aminophenol ist ein mögliches Edukt der Paracetamol-Synthese und im Prinzip ein deacetyliertes Paracetamol. Da es eine NH_2-Gruppe besitzt, lässt sich eine Azokupplung versuchen, in der p-Aminophenol als Diazo-Komponente mit dem N-(1-Naphtyl)-ethylendiamin als Kupplungs-Komponente kuppelt.

In der Reaktion wandelt sich zunächst das Nitrit in saurer Lösung zum Nitrosylkation ($N≡O+$) um. Das Nitrosylkation diazotiert dann das primäre Amin zum Diazoniumion. Dieses kuppelt in einer elektrophilen Substitution mit dem N-(1-Naphtyl)-ethylendiamin zum Azofarbstoff.

Es lässt sich folgende Reaktionsgleichung formulieren:

p-Aminophenol   *Nitrosylkation (Stickoxide)*   *N-(1-Naphtyl)-ethylendiamin*

Anmerkungen:
- Diese Reaktion dient allgemein zum Nachweis von Stickoxiden (NO_x) bzw. Nitriten.
- Weitere Informationen zum Versuch unter: http://www.chemieunterricht.de/dc2/tip/05_03.htm

H^+ - H_2O (Nitrit zum Nitrosylkation)

- H_2O (Diazotierung NH_2 am Aminophenol)

Azofarbstoff

A.3.1. Bilder des Laborversuches

blaue Komplexbildung bei erstem Tropfen

fertiger Nachweis

orangener Schleier mit Natriumnitrit

gelöster, fertiger Azofarbstoff

Abbildungsverzeichnis

Tabellenverzeichnis

Literaturverzeichnis

[1] *Roche Lexikon Medizin*. 5. neubearbeitete und erweiterte Auflage. Hoffmann-La Roche AG und Elsevier Urban & Fischer (Hrsg.), München, Jena, 2003.

[2] AKTORIES, FÖRSTERMANN, ET AL.: *Allgemeine und spezielle Pharmakologie und Toxikologie*. 9. Auflage. Elsevier Urban & Fischer, München, Jena, 2005.

[3] ANDERSON, BRIAN J.: *Paracetamol (Acetaminophen): mechanisms of action*. Pediatric Anesthesia, 18(10):S. 915–921, Wiley–VCH, Weinheim, 2008.

[4] AUTERHOFF, KNABE, HÖLTJE: *Lehrbuch der Pharmazeutischen Chemie*. 14. Auflage. Wissenschaftliche Verlagsgesellschaft mbH, Stuttgart, 1999.

[5] BERTOLINI, ET AL.: *Paracetamol: New Vistas of an Old Drug*. CNS Drug Reviews, 12(3-4):S.250–275, Hoboken (USA), 2006.

[6] BHATTACHARYA, ET AL.: *Eco-friendly reductive acetamidation of arylnitro compounds by thioacetate anion through in situ catalytic regeneration: application in the synthesis of Acetaminophen*. Tetrahedron Letters, 47(19):S.3221–3223, Elsevier, Amsterdam, 8. Mai 2006.

[7] BIELE, DR. CARSTEN   PROF. DR. GREGOR FELS: 2.4 - Aspirin - Cyclooxygenase - `http://www.chemgapedia.de/vsengine/vlu/vsc/de/ch/12/thr/vlu_thr/aspirin_4_cox.vlu.html`. FIZ CHEMIE Berlin, 2003, aufgerufen am 18. Dezember 2010.

[8] BJÖRKMAN, ET AL.: *Acetaminophen blocks spinal hyperalgesia induced by NMDA and substance P*. Journal of Pain, 57(3):S. 259–64, Thomson Reuters, New York (USA), June 1994.

[9] BUNDESINSTITUT FÜR ARZNEIMITTEL UND MEDIZINPRODUKTE (BFARM): `http://sunset-clause.dimdi.de/muster/0BFM3A1C51B501C8CA23.rtf`, Mustertext für paracetmaolhaltige Präparate, Stand: 10.06.2008, aufgerufen am 10. Dezember 2010.

[10] BUSCHMANN, ET AL.: *Analgesics: From Chemistry and Pharmacology to Clinical Application*. 1. Auflage, korrigierter Nachdruck 2003. Wiley-VCH, Weinheim, 2002.

[11] CHANDRASEKHARAN, ET AL.: *COX-3, a cyclooxygenase-1 variant inhibited by acetaminophen and other analgesic/antipyretic drugs: cloning, structure, and expression*. Proceedings of the National Academy of Science of the United States of America (PNAS), 99(21):S. 13926–31, Washington D.C. (USA), October 2002.

[12] COMMARIEU, ET AL.: *Fries rearrangement in methane sulfonic acid, an environmental friendly acid*. Journal of Molecular Catalysis, Volume 182-183, S.137-141, Elsevier, Amsterdam, 2002.

[13] DIENER, HANS-CHRISTOPH, SCHNEIDER ROLAND   BERNHARD AICHER: `http://www.pharmazeutische-zeitung.de/index.php?id=6673`. Pro-Kopf-Verbrauch von Schmerzmitteln - Eine Erhebung in neun Ländern über 20 Jahre (1985 bis 2005), Pharmazeutische Zeitung, Eschborn, 37/2008.

[14] EUROPARAT, (COUNCIL OF EUROPE): *Europäisches Arzneibuch (European Pharmacopoeia) 5.0.* Monografien K-Z: Band 3. European Directorate for the Quality of Medicines (EDQM), Straßburg, 2005.

[15] GATTERMANN, WIELAND, ET AL.: *Die Praxis des organischen Chemikers.* 43. Auflage. Walter de Gruyter, Berlin, New York, 1982.

[16] GESTIS-DATENBANK, DES IFA: `http://biade.itrust.de/biade/lpext.dll?f=id&id=biadb:r:024840&t=main-h.htm`, aufgerufen am 13. August 2010.

[17] GRECO, ET AL.: *Paracetamol effectively reduces prostaglandin E2 synthesis in brain macrophages by inhibiting enzymatic activity of cyclooxygenase but not phospholipase and prostaglandin E synthase.* Journal of Neuroscience Research, 71(6):S. 844–852, Wiley-VCH, Weinheim, 2003.

[18] HILFIKER, ROLF: *Polymorphism in the pharmaceutical industry.* 1. Auflage. Wiley-VCH-Verlag, Weinheim, 2006.

[19] KOJDA, PROF. DR. GEORG: *Neues zu Paracetamol. Regularien, wissenschaftliche Erkenntnisse und therapeutischer Stellenwert.* Fortbildungstelegramm Pharmazie, 2. Jahrgang:S.175 – 190, Oktober 2008.

[20] LAUE, THOMAS ANDREAS PLAGENS: *Namen- und Schlagwort-Reaktionen der Organischen Chemie.* 9. Auflage. Vieweg+Teubner, Wiesbaden, 2006.

[21] MORSE, H. N.: *Über eine neue Darstellungsmethode der Acetylamidophenole.* Berichte der deutschen chemischen Gesellschaft, 11, Nr.1:S. 232–233, 1878.

[22] PICKERING, ET AL.: *Acetaminophen Reinforces Descending Inhibitory Pain Pathways.* Clinical Pharmacology and Therapeutics, 84(1):S. 47–51, American Society of Clinical Pharmacology and Therapeutics, Alexandria (USA), October 2007.

[23] SCHILDKNECHT, ET AL.: *Acetaminophen inhibits prostanoid synthesis by Acetaminophen inhibits prostanoid synthesis by scavenging the PGHS-activator peroxynitrit.* The FASEB journal, 22:S. 215–224, The Federation of American Societies for Experimental Biology, Bethesda (USA), 2008.

[24] STEINER, ET AL.: *Cellular and Molecular Bases of the Initiation of Fever.* PLoS Biology, 4(9):S. 1517–24, Public Library of Science (PLoS), San Francisco, Cambridge (UK), August 2006.

[25] TECHNISCHE UNIVERSITÄT DRESDEN FACHRICHTUNG CHEMIE UND LEBENSMITTELCHEMIE, `http://www.chm.tu-dresden.de/oc/med/WS06_07/v11.pdf`: *Praktikum Chemie für Medizin / Praktikum Organische Chemie für Biologie, Molekulare Biotechnologie und Pädagogik - WS 06/07*, 03.01.07, aufgerufen am 07. April 2010.

[26] VAN LINGEN, ET AL.: *Pharmacokinetics and metabolism of rectally administered paracetamol in preterm neonates.* Arch Dis Child Fetal Neonatal, 80:F59–F63, BMJ Group, London, 1999.

[27] VANE, J. R. R. J. FLOWER: *Inhibition of prostaglandin synthetase in brain explains the anti-pyretic activity of paracetamol (4-acetamidophenol).* Nature, 240(5381):S.410–1, Nature Publishing Group, London, December 1972.

[28] WIKIPEDIA: http://de.wikipedia.org/wiki/Beckmann-Umlagerung, aufgerufen am 13. November 2010.

[29] WIKIPEDIA: http://de.wikipedia.org/wiki/Cyclooxygenase, aufgerufen am 19. Dezember 2010.

[30] WIKIPEDIA: http://de.wikipedia.org/wiki/Fieber, aufgerufen am 20. Dezember 2010.

[31] WIKIPEDIA: http://de.wikipedia.org/wiki/Fries-Umlagerung, aufgerufen am 13. November 2010.

[32] WIKIPEDIA: http://de.wikipedia.org/wiki/Iod, aufgerufen am 13. November 2010.

[33] WIKIPEDIA: http://de.wikipedia.org/wiki/Paracetamol, aufgerufen am 07. April 2010.

[34] WIKIPEDIA: http://de.wikipedia.org/wiki/Prostaglandine, aufgerufen am 18. Dezember 2010.

[35] WIKIPEDIA: http://de.wikipedia.org/wiki/Schmerz, aufgerufen am 18. Dezember 2010.

[36] WIKIPEDIA: http://en.wikipedia.org/wiki/Phospholipase_A2, aufgerufen am 19. Dezember 2010.